Markus Rittich

Sektionen im Schulunterricht

Markus Rittich

Sektionen im Schulunterricht

Die Durchführung einer Sektion und der systematische Vergleich ausgewählter Vertebraten im Schulunterricht

Reihe Realwissenschaften

Impressum / Imprint
Bibliografische Information der Deutschen Nationalbibliothek: Die Deutsche Nationalbibliothek verzeichnet diese Publikation in der Deutschen Nationalbibliografie; detaillierte bibliografische Daten sind im Internet über http://dnb.d-nb.de abrufbar.
Alle in diesem Buch genannten Marken und Produktnamen unterliegen warenzeichen-, marken- oder patentrechtlichem Schutz bzw. sind Warenzeichen oder eingetragene Warenzeichen der jeweiligen Inhaber. Die Wiedergabe von Marken, Produktnamen, Gebrauchsnamen, Handelsnamen, Warenbezeichnungen u.s.w. in diesem Werk berechtigt auch ohne besondere Kennzeichnung nicht zu der Annahme, dass solche Namen im Sinne der Warenzeichen- und Markenschutzgesetzgebung als frei zu betrachten wären und daher von jedermann benutzt werden dürften.

Bibliographic information published by the Deutsche Nationalbibliothek: The Deutsche Nationalbibliothek lists this publication in the Deutsche Nationalbibliografie; detailed bibliographic data are available in the Internet at http://dnb.d-nb.de.
Any brand names and product names mentioned in this book are subject to trademark, brand or patent protection and are trademarks or registered trademarks of their respective holders. The use of brand names, product names, common names, trade names, product descriptions etc. even without a particular marking in this work is in no way to be construed to mean that such names may be regarded as unrestricted in respect of trademark and brand protection legislation and could thus be used by anyone.

Coverbild / Cover image: www.ingimage.com

Verlag / Publisher:
AV Akademikerverlag
ist ein Imprint der / is a trademark of
OmniScriptum GmbH & Co. KG
Bahnhofstraße 28, 66111 Saarbrücken, Deutschland / Germany
Email: info@akademikerverlag.de

Herstellung: siehe letzte Seite /
Printed at: see last page
ISBN: 978-3-639-87628-4

Inhaltsangabe

Zusammenfassung

Einleitung

Die Einleitung umfasst die persönlichen Gründe, warum diese Arbeit geschrieben wurde und gibt einen Überblick über die Themen, die den Leser dieser Arbeit erwarten.

Didaktische Überlegungen

In den didaktischen Überlegungen werden wichtige Punkte, die bei der Planung einer Sektion im Unterricht unbedingt beachtet werden sollen, abgehandelt. Außerdem wird analysiert, ob der Lehrplan des Unterrichtsministeriums mit der Planung konform geht und wie sich eine Sektion im Einklang mit dem Unterrichtsministerium in den Unterricht einbauen lässt.

Sektion

Dieser Abschnitt ist in drei Teile gegliedert, die jeweils gleich aufgebaut sind. In diesen drei Teilen werden nacheinander die Sektion einer Regenbogenforelle, einer Wachtel und einer Ratte beschrieben. Die einzelnen Bereiche gliedern sich in einer „allgemeinen Teil", in dem Merkmale und Eigenheiten der verschiedenen Tiergruppen beschrieben werden. Im „Sektionsteil" werden die Vorbereitung für die Sektion und die tatsächliche Sektion des Tieres beschrieben. Dieser Teil wird durch Bilder aller Sektionsschritte unterstützt. Im letzten Teil „Funktion der Organe und Organsysteme" werden ausgewählte Organe und Organsysteme, die speziell auf das jeweilige Tier zugeschnitten sind, dargestellt und mit Literaturbeispielen verglichen und unterstützt. Dadurch soll gewährleistet werden, dass SchülerInnen die wichtigsten Informationen und Merkmale, die das Tier beschreiben, erhalten.

1. Einleitung

Als zukünftiger Lehrer des Unterrichtsfaches Biologie und Umweltkunde verstehe ich es als meine Aufgabe, die Biologie den SchülerInnen lebendig und begreiflich zu machen. Dies kann auf vielfältigen Arten geschehen: Zum Einen bedeutet „lebendig machen" möglichst nah an der Umwelt der SchülerInnen zu unterrichten und Beispiele aus der Alltagswelt der SchülerInnen zu bringen. Zum Anderen sollen SchülerInnen auch die handwerklichen Fähigkeiten, die die Biologie definitiv ausmachen, kennen lernen und sich in diesen üben können. Meiner Ansicht nach können beide Aufgaben mit einer Sektion von ausgewählten Tieren im Unterricht abgedeckt werden.

Die vorliegende Arbeit ist daher der Versuch, Sektionen an verschiedenen Tiergruppen verständlich und mit Bildern unterstützt durchzugehen, an denen nicht nur ich mich sondern auch meine Kollegen sich orientieren können, um möglichst viele SchülerInnen an dieser Erfahrung teilhaben zu lassen. Prinzipiell sei dabei gesagt, dass die beschriebenen Sektionen einen Grundplan darstellen, der je nach Belieben und eigenen Interessen erweitert werden kann. Die didaktischen Aufbereitungen seien auch den LehrerInnen überlassen, die eine Sektion durchgehen möchten, da es hier viele Meinungen und Ansätze gibt. In meinen „Didaktischen Überlegungen" (siehe unten), werde ich daher nur einige Punkte erörtern, die man sich bei der Planung einer Sektion im Unterricht auf jeden Fall überlegen sollte.

Die in dieser Arbeit dargestellten Sektionen umfassen die Tiere Regenbogenforelle als Beispiel für einen Fisch, Wachtel als Beispiel für einen Vogel und Ratte als Beispiel für ein Säugetier. Die Sektion an verschiedenen Tiergruppen erfüllt vor allem zwei Hauptzwecke: Einerseits soll der prinzipielle Bauplan von drei sehr unterschiedlichen Tierarten dargestellt werden. Dies soll den SchülerInnen die handwerklichen Fähigkeiten vermitteln und das Sezieren kann an drei Tieren (im besten Fall) geübt werden. Außerdem ist es für SchülerInnen durchaus interessant, Tiere, die im Alltag vorkommen, genauer kennen zu lernen und zu verstehen, wie diese Tiere aufgebaut sind. Andererseits ist es sinnvoll, diese drei Arten aus evolutiver Sicht zu betrachten. In der Schule soll ja kein isoliertes Wissen von einzelnen Fakten vermittelt werden, sondern der große Zusammenhang klar gemacht werden. Anhand dieser drei Tiergruppen lässt sich die evolutive Entwicklung im Laufe des Schuljahres immer wieder diskutieren.

2. Didaktische Überlegungen

Sektionen im Unterricht durchzuführen finde ich aus mehreren Gründen sinnvoll, wie bereits oben beschrieben. Um mich aber in der Planung und Durchführung nicht nur auf meine Wünsche zu stützen, soll im Folgenden eine kurze Analyse des Lehrplans in Bezug auf meine Ziele durchgeführt werden und es soll geklärt werden, wie sehr eine Einbindungen von Sektionen in den Unterricht vom Unterrichtsministerium unterstützt werden. Alle Informationen beruhen dabei auf den Lehrplänen des Ministeriums für Bildung und Frauen (BMBF).

Biologie und Umweltkunde – AHS Unterstufe

In der Bildungs- und Lehraufgabe für die AHS Unterstufe ist festgehalten, dass *„Schülerinnen und Schüler […] zentrale biologische Erkenntnisse gewinnen, Prinzipien, Zusammenhänge, Kreisläufe und Abhängigkeiten sehen lernen und Verständnis für biologische bzw. naturwissenschaftliche Denk- und Arbeitsweisen erwerben"* sollen (BMBFa). Weiters steht geschrieben, dass *„Schülerinnen und Schüler […] ein biologisches „Grundverständnis" erwerben [sollen], welches sie bei ihrer zukünftigen Partizipation an gesellschaftlichen Entscheidungen unterstützen kann. Werte und Normen, Fragen der Verantwortung bei der Anwendung naturwissenschaftlicher bzw. biologischer Erkenntnisse sollen thematisiert werden"* (BMBFa).

In den didaktischen Grundsätzen des Lehrplans findet man, unter anderem, folgende Absätze:

„Die Schülerinnen und Schüler sind zu selbstständigem Arbeiten und zur Problemlösefähigkeit unter Anwendung folgender Arbeitstechniken anzuregen: Beobachten, Vergleichen, Ordnen; Arbeiten mit geeigneten Hilfsmitteln (zB Lupe, Mikroskop, Computer, Fachliteratur); Suchen, Verarbeiten und Darstellen von Information" (BMBFa).

*„Bei der Beschäftigung mit dem Themenbereich **„Tiere und Pflanzen"** ist heimischen Arten bzw. jenen Arten, die typisch für die jeweils zu bearbeitenden Ökosysteme sind (siehe „Ökologie und Umwelt"), der Vorzug zu geben. Weiters sind auch solche zu berücksichtigen, die besondere Bedeutung für den Menschen haben. Die Schülerinnen und Schüler sollen einen*

Einblick in die Vielfalt der Organismen erhalten und deren wesentliche Charakteristika kennen lernen. Durch den Hinweis auf verwandtschaftliche Beziehungen zwischen den Lebewesen sollen die Schülerinnen und Schüler Verständnis für die Einordnung der Organismen in ein System entwickeln" (BMBFa).

Meiner Meinung nach sind durch eine Sektion verschiedener Organismen im Unterricht alle dargestellten Punkte abgedeckt. Es bleibt allerdings die Frage, ob die SchülerInnen in der Unterstufe bereits die nötige Reife haben, eine Sektion selbstständig durchzuführen. Daher ist meine Überlegung für die Unterstufe eine Sektion vorzuführen, während die SchülerInnen beobachten und mitschreiben sollen. Der Fokus liegt hier also eher auf der Beobachtungsseite. Interessierte SchülerInnen könnten mir aber natürlich bei der Sektion assistieren. Sektionen würde ich dennoch frühestens in der vierten Klasse Unterstufe durchnehmen.

Jedenfalls soll in der Unterstufe eine ethisch vertretbare Haltung und moralische Werte entwickelt werden.

Biologie und Umweltkunde – AHS Oberstufe

In der Bildungs- und Lehraufgabe des Lehrplans steht geschrieben, dass *„Schülerinnen und Schüler […] – im Sinne biologischer Grundbildung – zentrale biologische Erkenntnisse gewinnen, Prinzipien, Zusammenhänge, Kreisläufe und Abhängigkeiten in lebenden Systemen sehen lernen und damit Grundzüge eines biologischen bzw. naturwissenschaftlichen Weltverständnisses erwerben"* sollen (BMBFb).

In den Beiträgen zu den Bildungsbereichen ist folgender Absatz bezüglich der Ziele zu finden:

„Phänomen Leben, Mensch als Lebewesen, Vernetzung belebter Systeme, Auswirkungen menschlicher Aktivitäten auf Natur, Umwelt und Gesundheit, Naturwissenschaften und Ethik, naturwissenschaftliche Denk- und Arbeitsstrategien" (BMBFb).

Auf der Ebene des Lehrstoffes ist in der 5. Klasse festgehalten:

„Biodiversität

- am Beispiel Tiere: An Hand ausgewählter Beispiele Zusammenhänge von Bau und Funktion der Organsysteme des Stoffwechsels (Ernährung, Verdauung, Atmung, Kreislauf, Ausscheidung) und deren Ausbildung in unterschiedlichen Organisationsebenen und Lebensräumen erarbeiten" (BMBFb).

Auch wenn sich der in der Oberstufe vom Ministerium vorgegebene Lehrplan stärker an der Vermittlung eines „globalen Weltverständnisses" orientiert und „Genetik" und „Technik" stärker in den Vordergrund rücken, finde ich die Vermittlung von Zusammenhängen und Funktionen in biologischen Systemen, aufbauend auf dem Wissen aus der Unterstufe sehr sinnvoll. Ich würde mich daher nicht nur, wie im Lehrstoff vorgesehen, in der 5. Klasse damit beschäftigen, sondern auch in den darauf folgenden Schulstufen immer wieder darauf zurückkommen. Die SchülerInnen sollen durch die konstante Beschäftigung mit dem Thema eine Haltung erlangen, die den selbstständigen, verantwortungsvollen Umgang mit ihrer Umwelt fördert.

Nachdem die Lehr- und Lernziele geklärt wurden, soll nun beschrieben werden, wie eine Sektion tatsächlich in den Unterricht eingebunden werden kann. Hier soll es also nun vorerst nur um die Rahmenbedingungen gehen, nicht um die Sektion selbst.

Als erstes ist zu klären, ob alle SchülerInnen eine Sektion aus ethischen Gründen mitmachen wollen und auch können. Da bei Sektionen immer einstmals lebendige Wesen als Demonstrationsobjekt verwendet werden, muss auf diese ethischen Bedenken unbedingt eingegangen werden und sollten als Einführung vor einer Sektionsstunde behandelt und diskutiert werden.

Weiters ist zu klären, ob alle SchülerInnen reif genug sind, die Verantwortung, die ich dem Tier, meinen MitschülerInnen und mir selbst gegenüber habe, zu tragen und dementsprechenden Respekt und respektvollen Umgang zu zeigen. Diese Fähigkeiten sollten von SchülerInnen unbedingt entwickelt werden und die Beschäftigung mit dem Tier ist meiner Meinung nach eine gute Hilfe, wenn der/die LehrerIn dieses Thema dementsprechend unterrichtet.

Sektionen sollten nie isoliert durchgeführt werden, sondern sollten durch ansprechende Theorie-Einheiten unterstützt werden. Einerseits sieht man die Zusammenhänge der Organe im Tier nicht immer eindeutig, andererseits ist die Durchführung einer Sektion anspruchsvoll genug, sodass theoretische Überlegungen während der Sektion keinen Platz finden. Findet die Theorie vor der Sektion statt, kann darauf verwiesen werden, die besprochenen Strukturen bald „begreifen" zu können, findet der Theorie-Teil nach der Sektion statt, kann auf die Zeichnungen und die Erinnerung der SchülerInnen verwiesen werden. In der Praxis ist es vermutlich von Klasse zu Klasse unterschiedlich und hier sollte auch auf die Wünsche und Bedürfnisse der SchülerInnen eingegangen werden.

Vor allem die Sektion der Wachtel und der Ratte nimmt viel Zeit in Anspruch. Es ist daher zu klären, ob man als Biologie-Lehrer mehrere Unterrichtsstunden geblockt unterrichten kann oder ob man die Sektion vielleicht in einen vertiefenden Unterricht (mit mehreren Stunden) verschieben kann. So kann es eine günstige Alternative sein, wenn man als Lehrer Sektionsschritte vorexerziert, die über eine Kamera auf einen Bildschirm oder über Beamer für die ganze Klasse sichtbar werden. Die meisten Klassen sind bereits mit Beamer oder zumindest Fernseher ausgestattet, sodass diese Lehrmöglichkeit durchaus angedacht werden kann.

Um keine willkürlichen Schnitte oder unerwünschtes Verhalten von SchülerInnen zu fördern muss von Anfang an klar gemacht werden, dass das Tier für die SchülerInnen gestorben ist (ethische Überlegungen!) und auch kein Schnitt oder Präparationsschritt gemacht werden darf, der nicht von der Lehrperson vorgeführt wird.

Eine Frage, die sich immer wieder stellt, ist die Nachhaltigkeit und Nachbearbeitung der Sektion. Schließlich sollen die SchülerInnen etwas aus der Sektion lernen, wodurch sich die SchülerInnen eine Mitschrift und Lernfortschritte erarbeiten müssen. Es hat sich als günstig erwiesen, dass die SchülerInnen selbstständig Zeichnungen der beobachteten Organe und Strukturen anfertigen. Als Lehrer habe ich so die Möglichkeit die gefertigten Zeichnungen zu bewerten, die SchülerInnen haben die Möglichkeit ihre Zeichnungen für einen Test oder ähnliches zu lernen. Als Testfrage könnte zum Beispiel der Umriss eines Tieres vorgegeben werden und die Schüler müssen, quasi aus dem Gedächtnis, zeichnen, welche Organe sie wo vermuten. Neben diesem praktischen Teil sollte ein Test auch immer die theoretischen Überlegungen abfragen.

Nach diesen theoretischen didaktischen Überlegungen sollen im nächsten Abschnitt diese Sektionen durchgenommen werden.

3. Sektion

3.1. Fisch - am Beispiel einer Regenbogenforelle

3.1.1. Merkmale der Fische

<u>Systematik</u>

Reich: Tiere (*Animalia*)

Stamm: Chordatiere (*Chordata*)

Klasse: Strahlenflosser (*Actinopterygii*)

Teilklasse: Echte Knochenfische (*Teleostei*)

Ordnung: Lachsartige (*Salmoniformes*)

Familie: Lachsfische (*Salmonidae*)

Gattung: Pazifische Lachse (*Oncorhynchus*)

Art: Regenbogenforelle (*Oncorhynchus mykiss*)

Wie kaum eine andere Gruppe unter den Tieren lassen sich Fische sehr gut nach ihren Gruppen einteilen beziehungsweise sind viele Merkmale gruppenspezifisch ausgebildet. In weiterer Folge sollen diese Merkmale für die Systematik der Regenbogenforelle ausgearbeitet werden:

<u>Osteichthyes:</u> Die Knochenfische sind mit etwa 60.000 Arten die bei Weitem artenreichsten Vertebraten seit Ende des Mesozoikums. Sie haben ihren Namen aufgrund der Knochen, die sie in Schädel, Wirbeln, Extremitäten-Gürtel, Flossenskelett und Schuppen ausbilden. Ihr Vorkommen ist dabei fast ausschließlich auf Gewässer aller Art beschränkt. Sie sind dabei die einzigen Vertebraten, die (paarige) Kiemen, mit denen das Atmen unter Wasser möglich ist, in einer eigenen Kammer unterbringen und mit einem Kiemendeckel (Operculum) bedecken. Der Schultergürtel aller Osteichthyes ist fest mit dem Kopf verwachsen, während der

Beckengürtel nicht verwachsen und frei beweglich bleibt (also umgekehrt wie beim Menschen) (*Hildebrand et al.*).

Actinopterygii: Die Flossen der Strahlenflosser besitzen keine fleischigen Stiele, sondern, wie der Name bereits verrät, nur Strahlen, die vom Körper in die Flossen ziehen. Die Muskulatur und das Endoskelett sind in den Rumpf einbezogen, die Stiele ragen als bewegliche Stützelemente direkt aus der Körperkontur hervor (*Westheide et al.*). Da dieses Merkmal bei landlebenden Vertebraten nicht vorkommt, kann davon ausgegangen werden, dass Strahlenflosser nicht der Urahn der Landvertebraten sind (*Hildebrand et al.*).

Teleostei: Die Echten Knochenfische sind das artenreichste Taxon und kommen praktisch überall vor (von 8000 m Tiefe bis 5000 m Höhe, in heißen Quellen (43°C) und antarktischen Gewässer (-1,8°C)). Sie haben dabei als Zucht und Speisefische eine enorme wirtschaftliche Bedeutung. Die Schwanzflosse aller Teleosteer ist äußerlich symmetrisch und dieses Taxon besitzt allgemein dünne Schuppen ohne Schmelz (*Hildebrand et al.*). Weitere Merkmale sind ein bewegliches Prämaxillare sowie das Fehlen eines Spritzloches (Spiraculum) (*Westheide et al.*).

3.1.2. Vor der Sektion

Fische aller Art lassen sich praktisch bei jedem größeren Fischhändler in der Umgebung kaufen. In meinem Fall wurde die Regenbogenforelle beim "Fischhandel Gröll" in Grödig gekauft. Ein Fisch kostet dabei etwa 2,50€. Wenn man eine Kooperation zwischen Schule und Fischhandel aufbaut, können natürlich auch weitere Vergünstigungen entstehen. Vor allem, wenn man erwähnt, dass man die Fische zu Forschungszwecken in der Schule verwenden will, sind viele Fischhändler gern bereit, aushelfen zu können.

Der Fisch wird vor der Sektion durch einen Schlag mit einem stumpfen Gegenstand auf den Kopf getötet. Wenn man als Lehrer bedenken hat, dies selbst durchzuführen, sollte man den Fischhändler darum bitten. Meist kauft man aber ohnehin bereits getötete Fische, sodass das Töten wahrscheinlich nicht vom Lehrer selbst übernommen werden muss.

Sezierbesteck

Es hat sich herausgestellt, dass ein gutes Sezierbesteck folgendes enthalten sollte (Abb. 1, von links nach rechts):

- 2x Anatomische Pinzetten, in unterschiedlicher Größe
- 2x Anatomische Pinzetten mit Widerhaken, in unterschiedlicher Größe
- 2x Uhrmacher-Pinzetten, in unterschiedlicher Größe
- 2x Feine Schere, in unterschiedlicher Größe
- 2x Grobe Schere, in unterschiedlicher Größe
- 2x Skalpell
- 2x Stumpfe (Präparier-) Sonden
- Mehrere (Präparier-) Nadeln

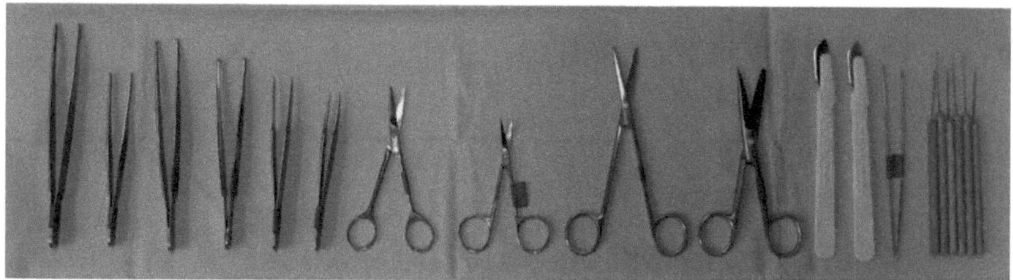

Abb. 1: Gezeigt wird eine kleine Auswahl an Sezierbesteck. Für die Sektionen müssen nicht immer alle Teile vorhanden sein.

Es müssen nicht immer alle Materialien vorhanden sein und welches Besteck man tatsächlich verwendet, hängt stark vom persönlichen Geschmack des Einzelnen ab.

Äußere Inspektion

Wie vor jeder Sektion soll eine äußere Inspektion des Tieres vorgenommen werden. Die SchülerInnen sollen dabei keine Handschuhe tragen, da so vor allem die Beschaffenheit der Schuppen und des Mundraumes (s.u.) besser erstastet werden kann.

<u>Flossenapparat (Abb. 2)</u>

- Die Regenbogenforelle besitzt paarige
    - Brustflossen (Pectorale) und
    - Bauchflossen (Ventrale)
- sowie eine jeweils unpaarige
    - Rückenflosse (Dorsale),
    - Afterflosse (Anale),
    - Schwanzflosse (Caudale) und eine
    - strahlenfreie Fettflosse

Die Flossen sind mit knöchernen Strahlen durchzogen, die von der Basis der Flossen radiär ausstrahlen. Die Flossen dieser Fische sind nicht mit Muskeln durchzogen. Zur Demonstration kann ein Bündel Stahlen aus der Flosse ausgeschnitten werden.

Abb. 2: Das Tier muss, den allgemein anerkannten Sektionsverfahren nach, mit dem Kopf nach links schauen. 1 Dorsale, 2 Fettflosse, 3 Caudale, 4 Brustflosse, 5 Beckenflosse, 6 Anale

<u>Kiemen</u>

Die Kiemen sind der Ort des Gasaustausches beim Fisch. SchülerInnen sollen den Kiemendeckel anheben und mit einer stumpfen Sonde die einzelnen Kiemenbögen abzählen (Abb. 3).

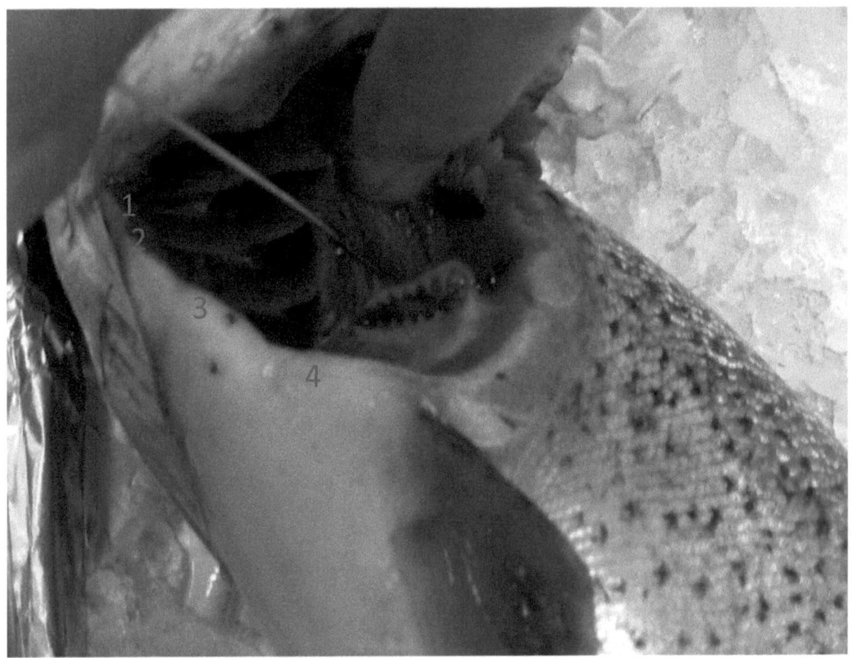

Abb. 3: Die vier Kiemenbögen mit Kiemenfilamenten dienen dem Gasaustausch; 1 1. Kiemenbogen, 2 2. Kiemenbogen, 3 3. Kiemenbogen, 4 4. Kiemenbogen

<u>Olfaktorisches System</u>

Das olfaktorische System besteht im Wesentlichen aus einer Nasengrube, die paarig dorsal über der Mundöffnung liegt (Abb. 4). Die Nasengrube wird durch ein Septum in jeweils zwei Nasenöffnungen unterteilt. Die Nasengrube endet blind und enthält die primären Sinneszellen, die für die Geruchswahrnehmung verantwortlich sind. Riechhirn (Bulbus olfactorius) und Riechbahn (Tractus olfactorius) liegen direkt anschließend an die Nasengrube (Abb. 5). Mit Hilfe einer stumpfen Sonde kann einerseits das Septum gezeigt werden, andererseits merkt man, dass die Nasengrube blind endet, wenn man mit der Sonde versucht weiter in die Nasengrube vorzudringen.

Abb. 4: Deutlich zu erkennen sind die beiden Nasenöffnungen der Nasengrube.

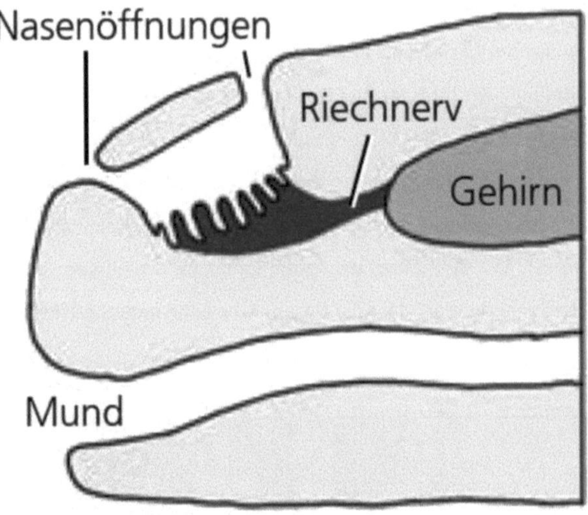

Abb. 5: Schematische Darstellung des olfaktorischen Systems bei Knochenfischen (*Westheide, S. 92*).

<u>Mundraum</u>

Mundhöhle und Rachenraum (Pharynx) sind dehnbar, was mit einem einfachen Aufklappen des Unterkiefers gezeigt werden kann. Die Mundhöhle ist mit Zähnen versehen und auch die Zunge ist bezahnt. SchülerInnen sollen dies ertasten.

Sektion

Der Fisch wird auf den Rücken gedreht und in dieser Position manuell fixiert. Im Abstand von ungefähr einem Zentimeter rostral der Analöffnung wird mit einer stumpfen Schere ein Querschnitt gemacht. Dies bedeutet, dass die Haut und die äußerste Muskelpartie mit der Schere quer zur Längsrichtung des Fisches eingeschnitten werden (Abb. 6). Die Muskelschicht muss dabei durchtrennt werden.

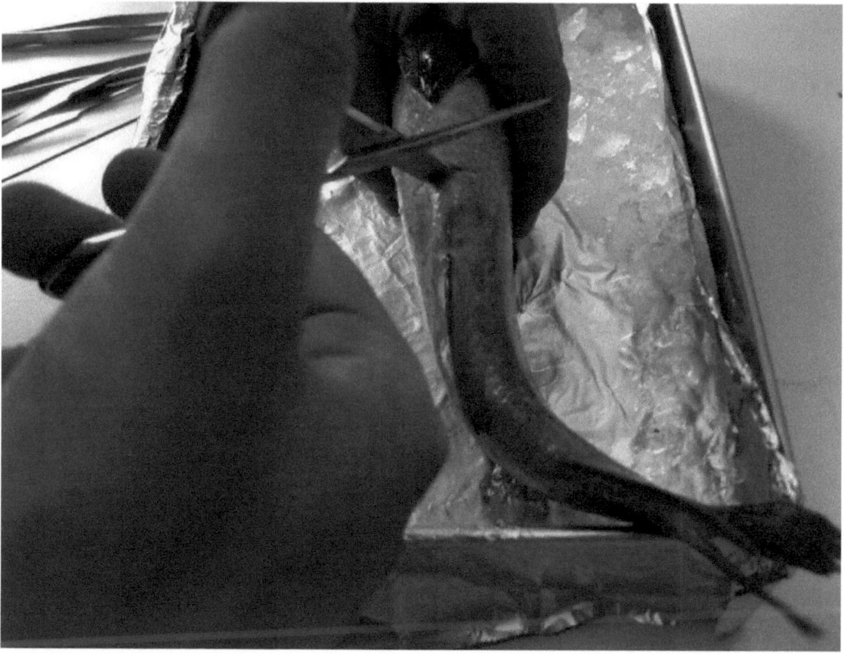

Abb. 6: Ein Querschnitt in den Bauchraum erfolgt etwa einen Zentimeter rostral der Analöffnung und ist der erste Präparationsschnitt.

Zwischen den Bauchflossen wird der Fisch median bis kurz vor den Brustflossen aufgeschnitten (Stumpfe Seite der Schere immer zum Präparationsobjekt; Abb. 7). Dabei ist zu beachten, dass nur die Muskelschicht aufgeschnitten wird. So gut es geht sollte immer "auf Sicht" geschnitten werden, das heißt der Präparator sollte immer sehen, wo er/sie schneidet.

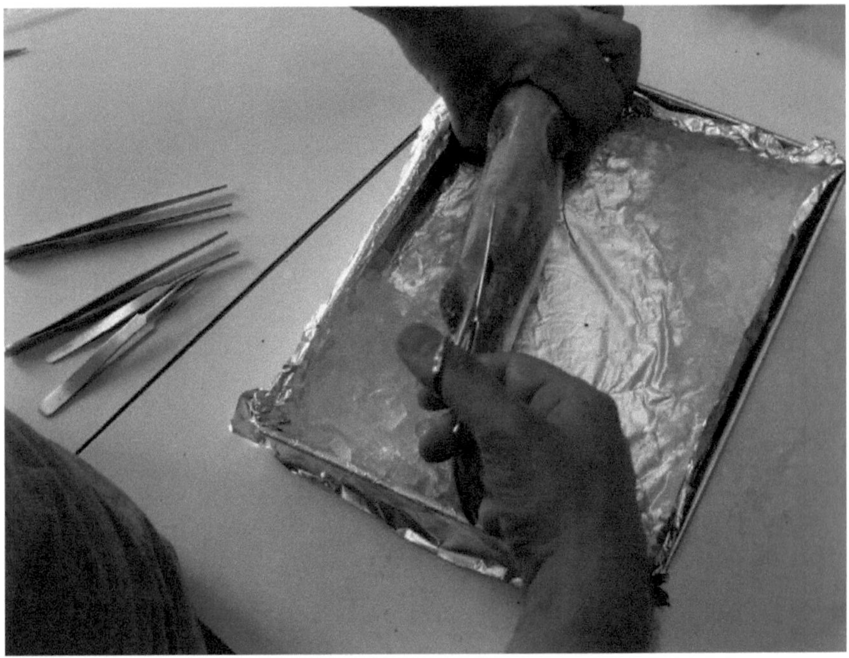

Abb. 7: Der Fisch wird median rostral bis kurz vor die Brustflossen aufgeschnitten.

Der Fisch wird dann am caudalen und rostralen Ende etwa zwei bis drei Zentimeter lateral aufgeschnitten. Man spürt beim lateralen Schnitt einen Widerstand, bis zu welchem geschnitten werden sollte (Abb. 8). Die Muskelschicht muss weggeklappt und mit Präparier-Nadeln fixiert werden. Die Nadeln können dabei durch den Rücken des Tieres gestochen werden (Abb. 9).

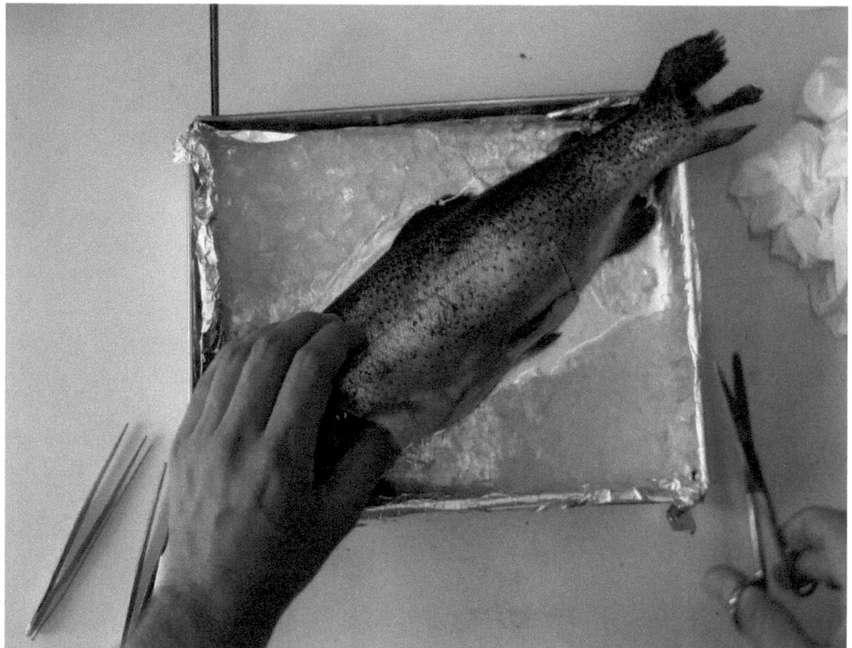

Abb. 8: Der Lateralschnitt am rostralen und caudalen Ende sollte etwa zwei bis drei Zentimeter lang sein.

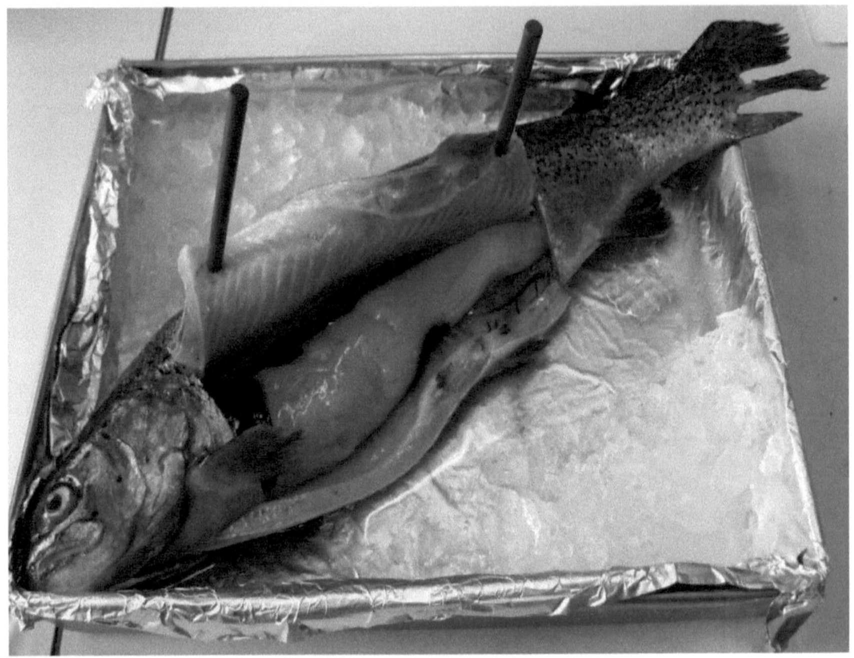

Abb. 9: Die Muskelschicht soll mit zwei Präparier-Nadeln fixiert werden um den Blick in die Leibeshöhle nicht mehr zu verdecken.

Organ-Situs im frisch geöffneten Tier (Abb. 10):

1. Leber (-lappen)
2. Fettgewebe
3. Milz
4. Darm
5. Gonaden
6. Schwimmblase
7. Niere (durch die Schwimmblase durchschimmernd)

Durch vorsichtiges Zupfen mit einer feinen Pinzette und Schneiden mit einer spitzen Schere kann viel Fett wegpräpariert werden, vor allem im Darmbereich (Abb. 11).

Die Magenregion ist gut im Fettgewebe eingebettet (Abb. 12). Hier soll keine Präparation mit der Schere stattfinden, aber das Fett kann auf die Seite geschoben werden um den Magen sichtbar zu machen (stumpf präparieren).

Der Unterschied zwischen weiblichen und männlichen soll dargestellt werden. Die weiblichen Gonaden erscheinen gelblich-orange und zeigen eine gepunktete Struktur (Abb. 10, Punkt 5), während die männlichen Gonaden deutlich weiß-milchig und glatt erscheinen.

Die Analöffnung soll sondiert werden, um die letzten Abschnitte des Darms bzw. den Zusammenhang Darm - Analöffnung zu verdeutlichen (Abb. 13)

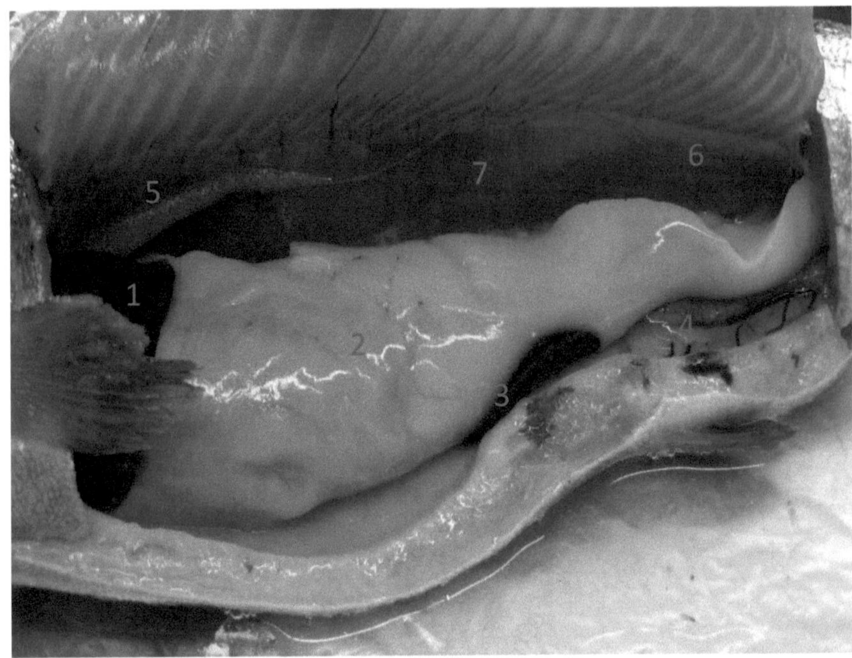

Abb. 10: Organsitus in der Regenbogenforelle. Fettgewebe verdeckt die Sicht auf die Eingeweide. 1 Leber, 2 Eingeweide (von Fett verdeckt), 3 Milz, 4 Darm, 5 (weibliche) Gonaden, 6 Schwimmblase, 7 Niere (durch die Schwimmblase durchschimmernd)

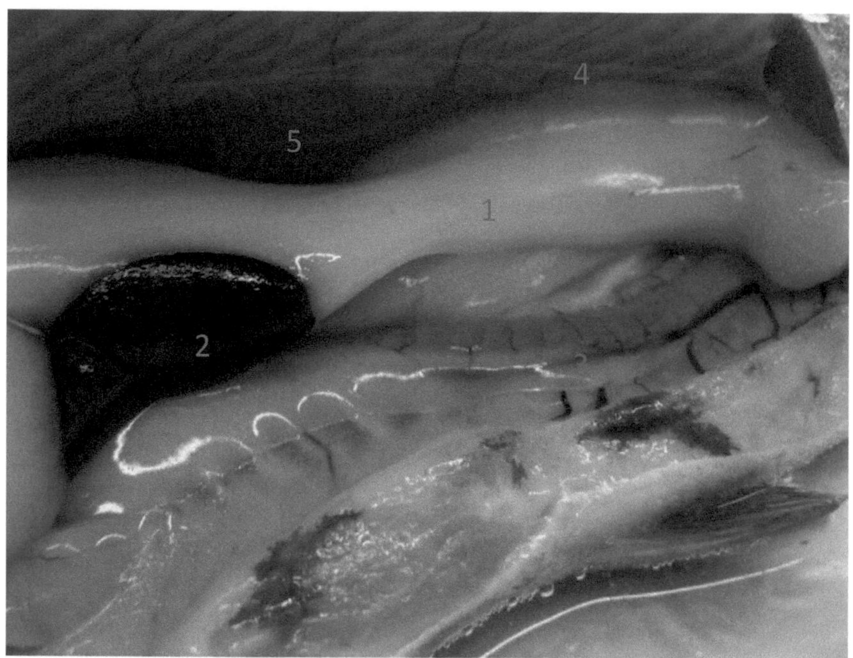

Abb. 11: Wird das Fett wegpräpariert, kommen Milz und Darmabschnitte besser zum Vorschein. 1 Fett, 2 Milz, 3 Darm, 4 Schwimmblase, 5 Niere (durch die Schwimmblase durchschimmernd)

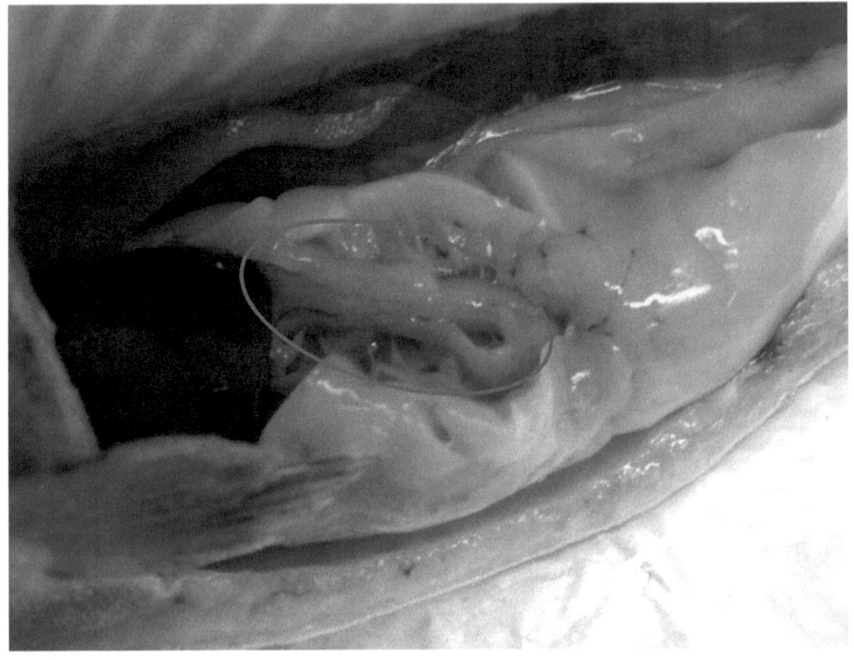

Abb. 12: Der Magen (eingerahmt) ist gut in Fett eingebettet und sollte nur stumpf freipräpariert werden.

Abb. 13: Mit einer stumpfen Sonde soll der Zusammenhang zwischen Enddarm und Analöffnung verdeutlicht werden.

Als nächstes soll die Schwimmblase entfernt werden um den Blick auf die Niere zu erleichtern. Die Schwimmblase hängt mit Bindegewebe im caudalen Teil des Tieres fest. Mit Hilfe einer stumpfen Sonde kann dieser lose Zusammenhalt gelöst werden und die Schwimmblase einfach von caudal nach rostral abgezogen werden (Abb. 14). Schafft man es, die Schwimmblase nicht zu verletzen, sieht man, dass sie blind endet und gasgefüllt ist.

Nachdem die Schwimmblase präpariert wurde, sieht man die Niere (evolutionär gesehen ein Opisthonephros, s.u.). Deutlich treten zwei weiß schimmernde Linien hervor, die als primäre Harnleiter oder Wolff'sche Gänge bezeichnet werden (Abb. 14).

Abb. 14: Die Schwimmblase endet blind und ist gasgefüllt. Dahinter liegt die Niere mit deutlich hervortretenden weißen Gängen, die als primäre Harnleiter oder Wolff'sche Gänge bezeichnet werden.

Nachdem die Organe der Bauchhöhle deutlich gemacht und gezeigt wurden, erfolgt der nächste Schnitt mit einer stumpfen Schere median rostral bis zwischen die Kiemendeckel (Abb. 15). Wiederum ist Vorsicht geboten, um das unter der Hautoberfläche liegende Herz nicht zu zerschneiden.

Die Abschnitte des Herzens sollen mit den SchülerInnen durchgegangen werden.

Abb. 15: Mit einem Schnitt rostral bis zwischen die Kiemendeckel legt man das Herz des Fisches (eingerahmt) frei. Zusätzlich können hier noch einmal die Kiemenbögen beobachtet werden.

Damit ist die Sektion abgeschlossen.

Herz, Magen und Darm werden durch einen Schnitt jeweils rostral an der Speiseröhre beziehungsweise caudal am Enddarm als Ganzes aus dem Tier entfernt. Unter fließendem Wasser wird die Niere aus dem Fisch gekratzt. Dazu kann man Handschuhe anziehen, es muss aber nicht sein. Die Leibeshöhle des Tieres ist nun leer und der Fisch kann weiterverwendet werden, zum Beispiel zum Essen (Grillen).

3.1.4. Funktion der Organe und Organsysteme

<u>Respirationstrakt</u>

Die Kiemen sind das Atmungsorgan der Fische. Dabei fließt Wasser über die Mundhöhle an den Kiemen vorbei und oxygeniert dabei sauerstoffarmes Blut, welches weiter in den Körper gepumpt wird. Wasser und Blut strömen in entgegengesetzter Richtung aneinander vorbei. Durch dieses Gegenstromprinzip (Abb. 17) wird der Austausch der Atemgase optimal genutzt. Die Regenbogenforelle hat vier Kiemenbögen (Branchialbögen), wobei der vierte Bogen verwachsen ist. Auf beiden Seiten der Kiemenbögen sitzen Kiemenfilamente oder Kiemenlamellen, an denen der Gasaustausch stattfindet. Die Kiemen werden durch einen knöchernen Kiemendeckel (Operculum) bedeckt (Abb. 16) (*Hildebrand et al.*).

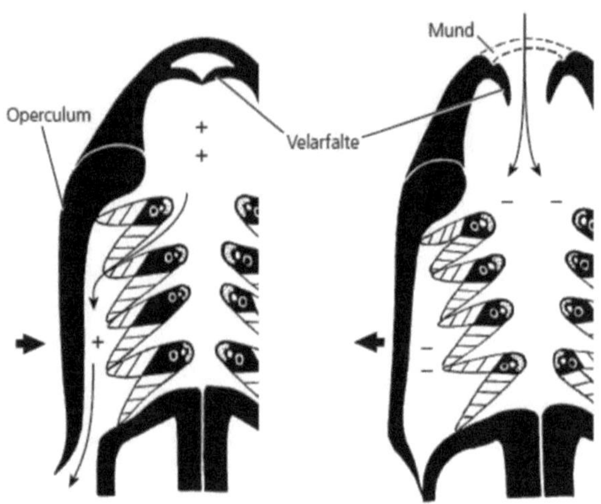

Abb. 16: Schematische Darstellung der Kiemenatmung. Links: Ausatmung, Rechts: Einatmung. Druckverhältnisse werden durch "+" und "-" gekennzeichnet (*Westheide, S. 132*).

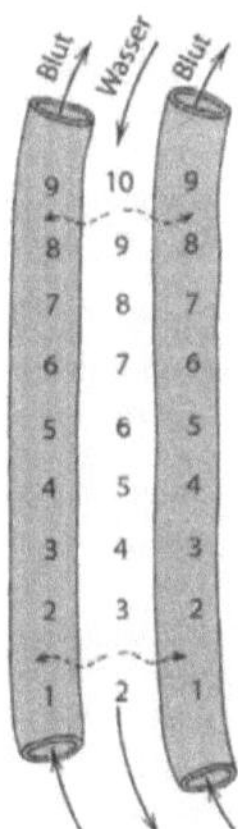

Abb. 17: Schematische Darstellung des Gegenstromprinzips. Die Zahlen geben die relative Sauerstoffsättigung an. Da der Gradient über die Länge der Gefäßwände aufrechterhalten wird, findet eine kontinuierlicher Austausch in Richtung Blutgefäße statt (*Hildebrand, S. 252*).

Als Schwimmblasen bezeichnet man Organe, die mit Gas gefüllt sind, aber keine respiratorischen Funktionen besitzen. Nur Knochenfische haben solche Organe entwickelt. Die Schwimmblase dient dabei weniger dem schnellen ab- oder auftauchen, sondern unterstützt das Verbleiben in einer gewissen Tiefe ohne Muskelbewegung. Außerdem wird die Schwimmblase als Resonanzkörper benutzt und dient somit der Schallproduktion. Ebenso wird mit der Unterstützung der Schwimmblase Schall (und damit Druck) wahrgenommen (*Hildebrand et al.*).

<u>Gastro-Intestinaltrakt</u>

Die Regenbogenforelle besitzt einen kurzen Ösophagus, der mit dem Magen verschmolzen ist. Der Magen selbst ist J-förmig (Abb. 18) (*Hildebrand et al.*).

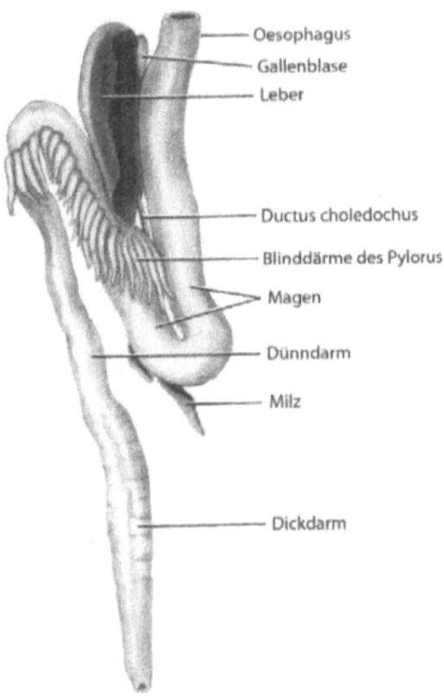

Abb. 18: Schematische Darstellung des Magen-Darm-Traktes in den meisten Teleostei (*Hildebrand, S. 234*)

<u>Urogenitalsystem</u>

Aufgrund von Osmose laufen Süßwasser-Fische ständig Gefahr, dass zu viel Wasser passiv in die Körperhöhlen eintritt. Die Haut ist dabei nur ein kleines Hindernis, da über Kiemen- und Mund-Membran ohnehin ständig Wasser eintritt. Nicht zuletzt ist die aufgenommene Nahrung im Regelfall stark wasserhaltig. Ohne viel zu trinken, müssen Süßwasser-Fische daher ständig Urin ausscheiden. Zusätzlich wird Stickstoff in Form von Ammonium-Ionen beziehungsweise Ammoniak über die Kiemen ausgeschieden (*Hildebrand et al.*).

Wie alle Nicht-Amnioten haben Fische eine Rumpfniere (Opisthonephros). In der Ontogenese entstehen nacheinander verschiedene Nierengenerationen aus den Rumpfsegmenten: cranial beginnend entsteht die Kopfniere (Pronephros), dann weiter caudal die Urniere (Mesonephros) und aus dieser entsteht wiederum die Rumpfniere

(Opisthonephros), die wieder weiter caudal liegt. Alle Nierengenerationen bestehen funktionell aus Nierenkörperchen (Nephronen), die die Filteraufgaben der Niere übernehmen. Der Opisthonephros ist in Fischen auch an der Blutbildung beteiligt (*Westheide et al.*). Der gefilterte Harn wird über die primären Harnleiter (Wolff'sche Gänge) abgeführt (*Storch et al.*).

Eine Verbindung von Gonaden und Nieren existiert nicht und auch die Ausfuhrgänge sind verschieden (*Westheide et al.*).

Die länglichen Hoden liegen der Schwimmblase an (*Westheide et al.*). Reife Spermien werden über eigene Samenleiter (Ductus spermatici), die sich vereinigen, entweder über After, Harnblase oder über eine eigene Öffnung direkt aus der Leibeshöhle ausgestoßen (*Storch et al.*). Auffällig ist, dass die Spermien kein Akrosom besitzen, wie unter anderem auch beim Menschen (*Westheide et al.*).

Ovarien sind meist paarig, können aber auch in ganzer Länge verschmolzen sein und sind an der Leibeshöhle befestigt. Ovidukt-ähnliche Leiter vereinigen sich und münden in einem gemeinsamen Porus nach außen (*Westheide et al.*). Bei einigen Arten werden die reifen Eizellen aber auch in die Leibeshöhle abgegeben und über eine Öffnung (Porus genitalis) frei gelassen.

<u>Herz-Kreislaufsystem</u>

Das Herz gliedert sich in folgende Abschnitte von caudal nach cranial: Sinus venosus -> Atrium -> Ventrikel mit Conus arteriosus -> Bulbus arteriosus (Abb. 19). Der Sinus venosus empfängt Blut aus dem Körper, füllt das Atrium und leitet den Herzschlag ein. Das Atrium füllt den Ventrikel, wobei der Wandwiderstand des Atriums überwunden werden muss. Der Ventrikel wiederum ist der Motor des Kreislaufes, da er das Blut mit hohem Druck in die ventrale Aorta pumpt. Der erste Abschnitt dieser Aorta wird Bulbus arteriosus genannt, ist sehr elastisch und dient der Druckregulation (*Westheide et al.*). Ein Rückfluss des Blutes wird durch die Klappen des Conus arteriosus verhindert. Das Herz pumpt nur venöses, das heißt sauerstoffarmes Blut. Das Blut wird in der ventralen Aorta an den Kiemen vorbeigeführt (afferente Kiemenbogen-Arterien), hier oxygeniert und über laterale Arterien (efferente

Kiemenbogen-Arterien), die sich zur dorsalen Aorta vereinigen, zu den Organen geleitet (Abb. 20). Das Blutvolumen aller Fischarten ist meist relativ gering (*Hildebrand et al.*).

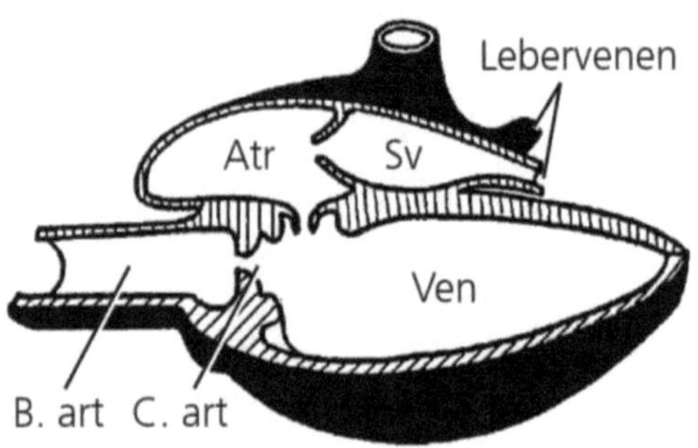

Abb. 19: Schematischer Aufbau des Herzens von Strahlenflosser. Sv Sinus venosus, Atr Atrium, Ven Ventrikel, C. art. Conus arteriosus, B. art. Bulbus arteriosus (*Westheide, S. 116*)

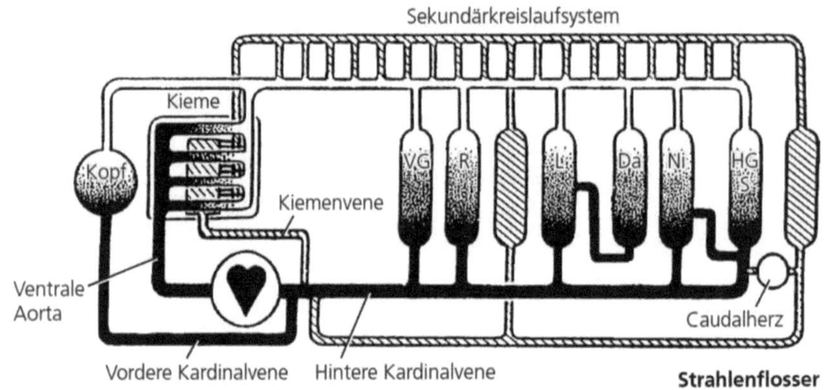

Abb. 20: Schematischer Blutkreislauf aller Strahlenflosser. Schwarz: O_2-armes Blut, Weiß: O_2-reiches Blut, Schraffiert: Sekundärkreislauf. VG Vordere Gliedmaßen, R Rumpf, L Leber, Da Darm, Ni Nieren, HG Hintere Gliedmaßen S, Schwanz (*Westheide, S. 107*)

3.2. Vogel - am Beispiel einer Wachtel

3.2.1. Merkmale der Vögel

<u>Systematik</u>

Reich: Tiere (Animalia)

Stamm: Chordatiere (Chordata)

Klasse: Vögel (Aves)

Ordnung: Hühnervögel (Galliformes)

Familie: Fasanenartige (Phasianidae)

Gattung: Erdwachteln (Coturnix)

Art: Wachtel (Coturnix coturnix)

Die Klasse der Vögel ist am engsten mit den Krokodilen verwandt, beziehungsweise ist besteht eine enge Verwandtschaft mit Reptilien im Allgemeinen. Trotz dieser Verwandtschaftsverhältnisse haben Vögel einige evolutive Neurungen entwickelt:

- Ein Hornschnabel ohne Zähne, wodurch auch
- Adaptionen im Magen-Darm-Trakt stattfinden mussten,
- Ein spezialisierter Atemkreislauf
- Getrennte Blutkreisläufe
- Verstärkung der visuellen Wahrnehmung
- Ausbildung von Federn und Flugfähigkeit

um nur einige zu nennen. Es sind etwa 10.000 rezente Arten bekannt und die Vögel stellen somit nach den Teleostei das artenreichte Taxon der Wirbeltiere dar. Die Artenvielfalt ist groß: So gibt es zum Beispiel eine große Spannweite was das Gewicht betrifft (von 1,6 g beim Kolibri bis 150 kg beim Strauß). Alle Vögel sind durchwegs bisexuell und ovipar, was bedeutet, dass der Nachwuchs in einem Ei aufwächst, welches ausgebrütet werden muss. Wirtschaftlich sind Vögel vor allem als Nutz- und Zuchttiere von Bedeutung, allen voran das Haus-Huhn (Gallus gallus) als Lieferant für Eier und Fleisch (*Westheide et al.*).

3.2.2. Vor der Sektion

Wachteln können im Prinzip in jeder Kleintierzucht besorgt werden und sollten dort pro Tier etwa 5€ kosten. Wird eine längere Zusammenarbeit angestrebt, lässt sich vermutlich über den Preis auch noch verhandeln. Im Sinne einer möglichst stressfreien Tötung sollten die Tiere entweder mit Kohlenstoffmonoxid eingeschläfert werden oder sollten durch einen Tierarzt mittels einer Spritze getötet werden. Im Zweifel kann immer der Tierhändler befragt werden und die Tötung kann höchstwahrscheinlich auch bereits vom Tierhändler vorgenommen werden.

Die Wachtel muss auf der Bauchseite gerupft werden. Dazu nimmt man vier bis fünf Federn in die Fingerspitzen und rupft vorsichtig gegen den Strich. Die Haut soll dabei unter Zuge dagegengehalten werden. Hierbei sollte man sich ruhig Zeit lassen: Eine Wachtel zu rupfen dauert dabei etwa 15 Minuten. Es bleibt einem selbst überlassen, ob man hierfür Handschuhe trägt, aus gesundheitlichen Gründen muss es aber nicht sein und man hat beim Rupfen ein besseres Gefühl in den Fingern, wenn man keine Handschuhe trägt. Die Haut ist sehr dünn und kann beim Rupfen leicht einreißen. Dies ist kein Problem, da die Haut ohnehin bei der Sektion entfernt wird. Der Vogel macht aber optisch keinen guten Eindruck, wenn er blutet.

Sezierbesteck

Es hat sich herausgestellt, dass ein gutes Sezierbesteck folgendes enthalten sollte (Abb. 21, von links nach rechts):

- 2x Anatomische Pinzetten, in unterschiedlicher Größe
- 2x Anatomische Pinzetten mit Widerhaken, in unterschiedlicher Größe
- 2x Uhrmacher-Pinzetten, in unterschiedlicher Größe
- 2x Feine Schere, in unterschiedlicher Größe
- 2x Grobe Schere, in unterschiedlicher Größe
- 2x Skalpell
- 2x Stumpfe (Präparier-) Sonden
- Mehrere (Präparier-) Nadeln

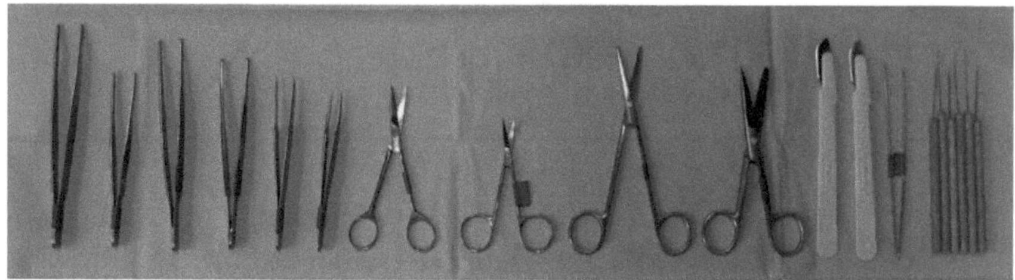

Abb. 21: Gezeigt wird eine kleine Auswahl an Sezierbesteck. Für die Sektionen müssen nicht immer alle Teile vorhanden sein.

Es müssen nicht immer alle Materialien vorhanden sein und welches Besteck man tatsächlich verwendet, hängt stark vom persönlichen Geschmack des Einzelnen ab.

Äußere Inspektion

Ist der Vogel gerupft, sollte zuerst eine äußere Inspektion stattfinden.

<u>Federn</u>

Der Vogelkörper ist weitgehend mit Federn bedeckt. Die einzige Ausnahme sind die mit Schuppen bedeckten Füße und der Hornschnabel. Die Federn können durch Muskeln bewegt werden und wechseln zumeist einmal jährlich (Mausern). Die Aufgaben der Federn umfassen neben einer Unterstützung beim Fliegen die Thermoregulation sowie Schutz- und Signalwirkung. Bei genauer Betrachtung lassen sich unterschiedliche Federtypen mit speziellen Aufgaben feststellen. Die wichtigsten Federtypen umfassen die Konturfedern, die wichtig zum Fliegen sind, Schutz bieten und Signal- und Tarnfunktion haben, sowie Daunenfedern, die zur Thermoregulation dienen. (*Westheide et al.*).

<u>Kloakenregion</u>

Als Kloake bezeichnet man den gemeinsamen Ausfuhrgang für Produkte der Niere, des Darms und der Gonaden.

<u>Extremitäten</u>

Die hinteren Extremitäten sind für den Gang auf dem Boden, Klettern oder Schwimmen (Pinguine) verantwortlich und nicht aktiv in das Fliegen involviert. Der Fuß ist meist mit vier Zehen besetzt, wobei die erste Zehe ist nach hinten verlagert ist und somit die anderen drei Zehen opponiert. Dies bringt zusätzliche Stabilität beim Gehen beziehungsweise Unterstützung beim Klettern (*Westheide et al.*).

Die vorderen Extremitäten sind weitgehend von Muskeln befreit und sind adaptiert für den Vogelflug. (*Westheide et al.*).

<u>Kopfregion</u>

Vögel sind Augentiere und auch die Ohren sind relativ gut entwickelt. Von außen kann man allerdings nur die Öffnung des äußeren Ohres beobachten. Die Augen wirken von außen kleiner, weil sie mit Haut und Lidern überdeckt sind. Geruch und chemische Sensoren sind bei Vögeln im Allgemeinen schlechter entwickelt. Wie bereits oben erwähnt fehlen Zähne im Schnabel.

Sektion

Mit Hilfe von vier (Steck- oder Präparier-) Nadeln wird der Vogel fixiert. Jeweils eine Nadel wird dabei durch die Haut zwischen zwei Zehenglieder der beiden Beine gesteckt. Jeweils eine Nadel wird durch die Flügel an einer fleischigen Stelle nahe der Knochen gesteckt (Abb. 22). Flügel und Beine sollen dabei möglichst gespreizt werden.

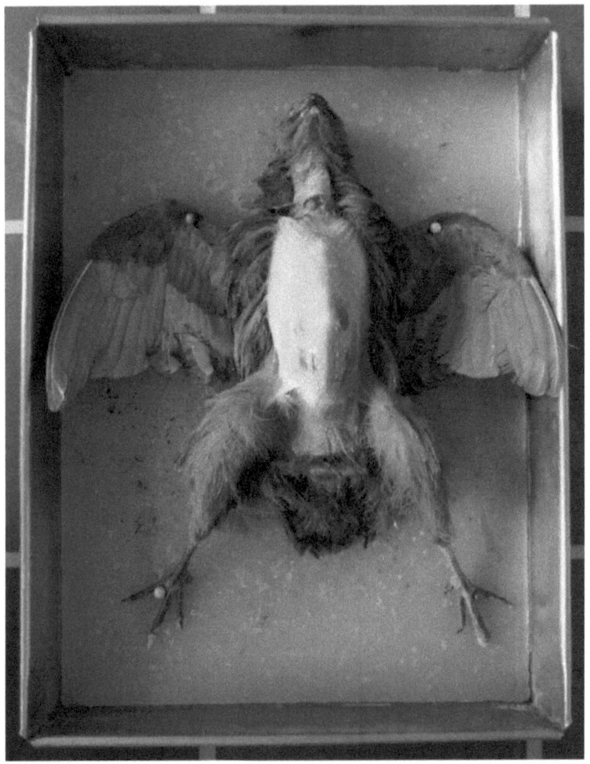

Abb. 22: Präparier- oder Steck-Nadeln halten den Vogel in Position und ermöglichen eine Sektion.

Ungefähr ein Zentimeter rostral der Kloakenöffnung wird die oberste Hautschicht mit einer stumpfen Pinzette angehoben. Mit einer stumpfen Schere wird quer zur Längsausrichtung ein Einschnitt gemacht (Abb. 23). Vorsicht: Direkt unter der Haut liegen bereits Darmschlingen!

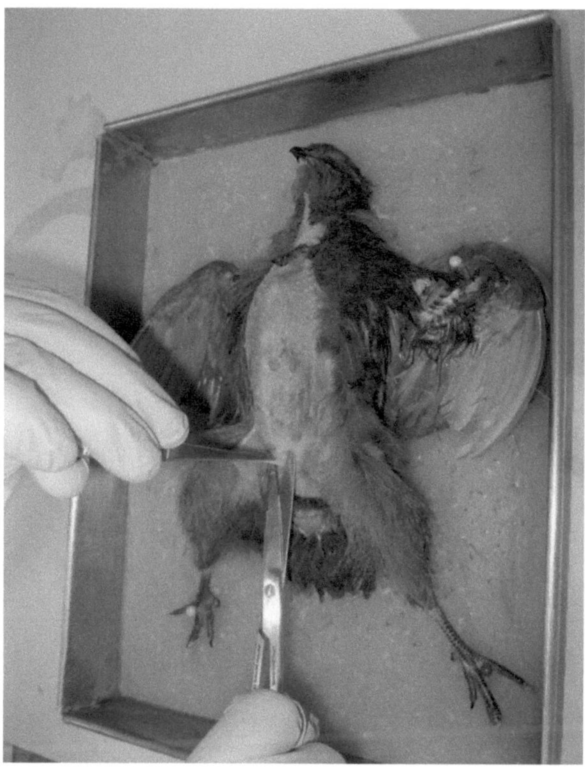

Abb. 23: Der erste Schnitt erfolgt quer zur Längsrichtung.

Die Haut wird nun median aufgeschnitten, beginnend beim Einschnittsloch bis zum Ansatz der Halsregion, etwa zwei Zentimeter rostral des großen Brustmuskel (Abb. 24).

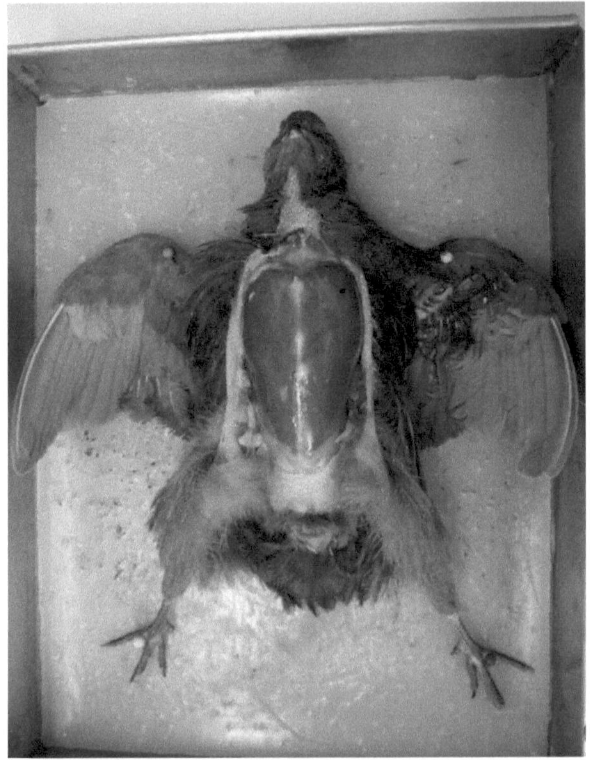

Abb. 24: Ist die Haut median aufgeschnitten, sollte der Vogel etwa in dieser Form bereit liegen.

Caudal des Brustmuskels ist meist viel Fett zu finden, welches vorsichtig mit Pinzette und Schere entfernt werden soll (Abb. 25). Vorsicht: Direkt darunter liegen Darmschlingen, die nicht verletzt werden sollten.

Abb. 25: Unter Fett verborgen liegen bereits die Darmschlingen (eingerahmt).

Die Halsregion rostral des Brustmuskels wird weiter bis etwa einen Zentimeter vor dem Schnabelansatz aufgeschnitten. Die oberste Schicht des Brustmuskels wir median aufgeschnitten, sodass die beiden Hälften, ähnlich wie die Haut, seitlich weggeklappt werden kann (Abb. 26).

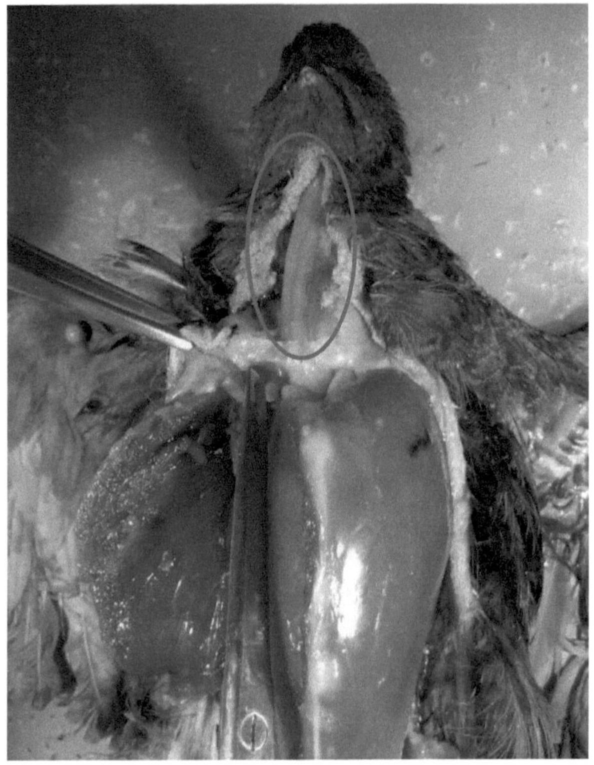

Abb. 26: In der Halsregion findet man Luft und Speiseröhre. In der Abbildung ist bereits eine Hälfte des großen Brustmuskels aufgeschnitten.

Am Brustbein setzen noch Muskeln an. Auch diese müssen durchtrennt werden, um den Brustkorb entfernen zu können. Vorsicht: Direkt unter dem Brustkorb liegen wichtige Organe! Es kann helfen, mit einer Spritzflasche Wasser in den Spalt zwischen Brustkorb und Organe zu spritzen um die Verbindungen ein wenig zu lösen. Die Muskeln am Brustkorb werden möglichst lateral auf beiden Seiten mit einer stupfen Schere aufgeschnitten (Abb. 27).

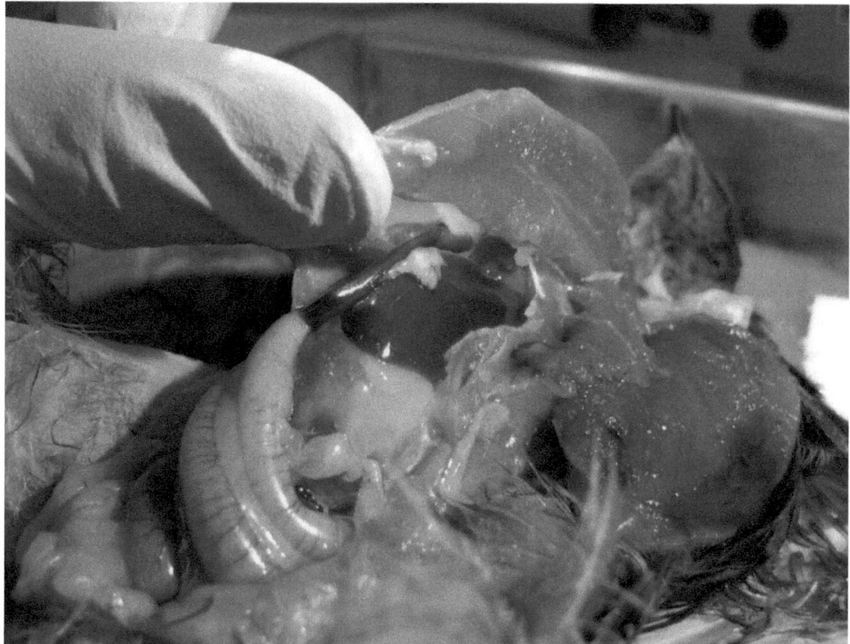

Abb. 27: Die Entfernung des Brustkorbes erfordert viel Fingerspitzengefühl. Es kann helfen, den Brustkorb immer wieder wegzudrücken.

Sind die Muskeln entfernt, soll versucht werden, das Brustbein möglichst median zu durchschneiden, so dass es, ähnlich wie die Muskeln, auf die Seite aufklappbar ist. Das Brustbein ist ein massiver Knochen und kann nur mit viel Kraft durchtrennt werden! Die beiden Hälften sollen dann mit Spangen auf die Seite gespreizt werden (Abb. 28). Alternativ kann der Brustkorb am obersten Ende quer zur Längsrichtung durchgeschnitten und somit abgetrennt werden.

Ist der Brustkorb entfernt, kommen verschiedene Organe zum Vorschein: Luftröhre, Speiseröhre, Herz, Leber, Magen, Darm und (thorakaler) Luftsacke (Abb. 28).

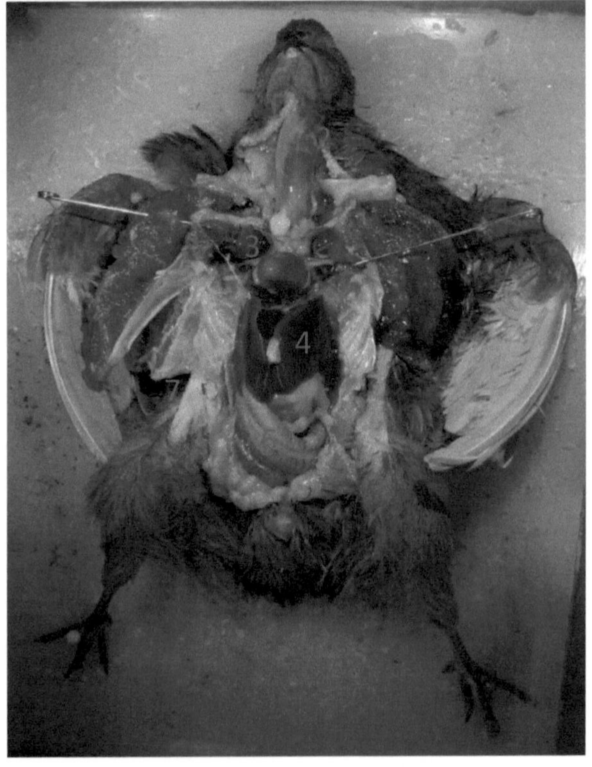

Abb. 28: Durch Entfernen des Brustkorbes wird die Sicht auf den Organ-Situs frei. 1 Luftröhre, 2 Speiseröhre, 3 Herz, 4 Leber (-lappen), 5 Magen, 6 Darm, 7 (Thorakaler) Luftsack

Der Magen des Tieres befindet sich unter den Leberlappen. Durch sanftes Verschieben der Lappen soll der Magen dargestellt werden (Abb. 29 und 30). Ebenso befindet sich in der Nähe des Magens, unterhalb der Leberlappen die deutlich grünlich-gefärbte Gallenblase (Abb. 31)

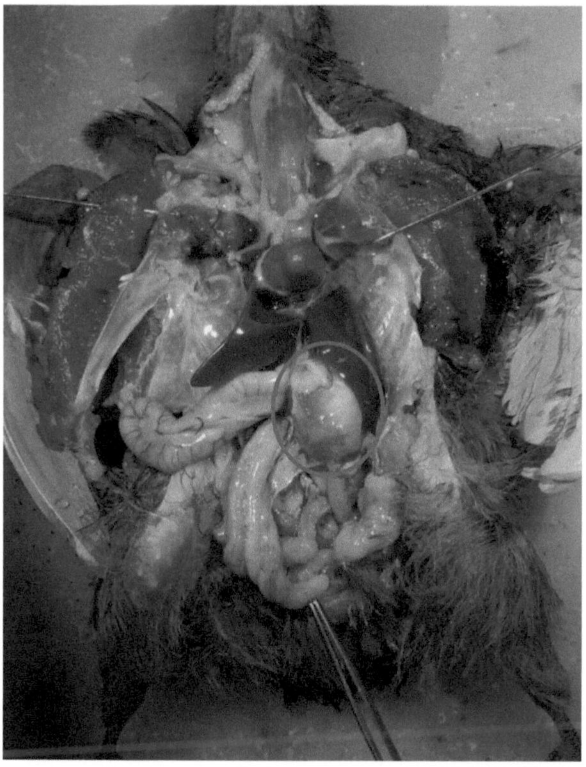

Abb. 29: Wird die Leber etwas verschoben, bekommt man einen guten Blick auf den Magen (eingerahmt).

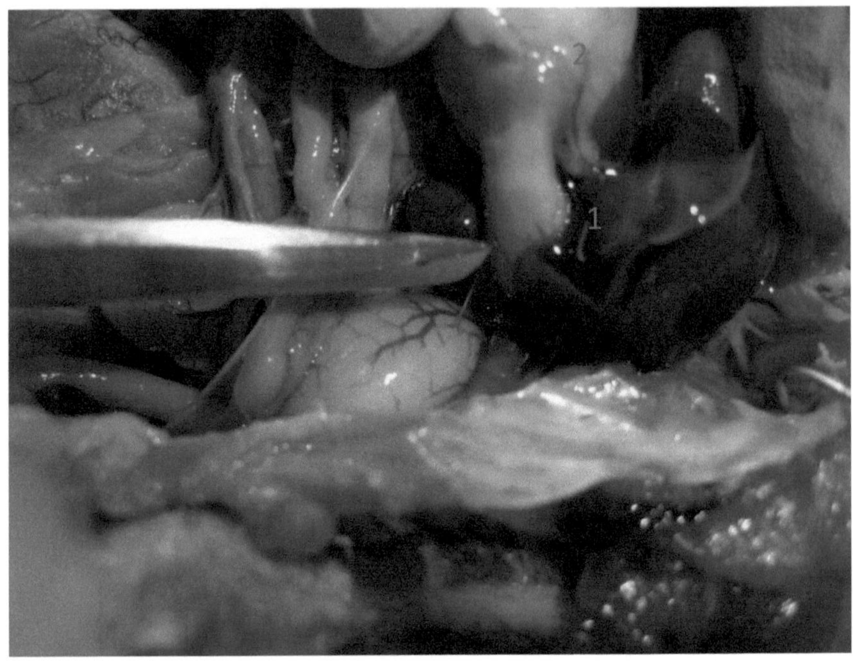

Abb. 30: Deutlich sind hier die Abschnitte des Magens zu erkennen. 1 Drüsenmagen, 2 Muskelmagen

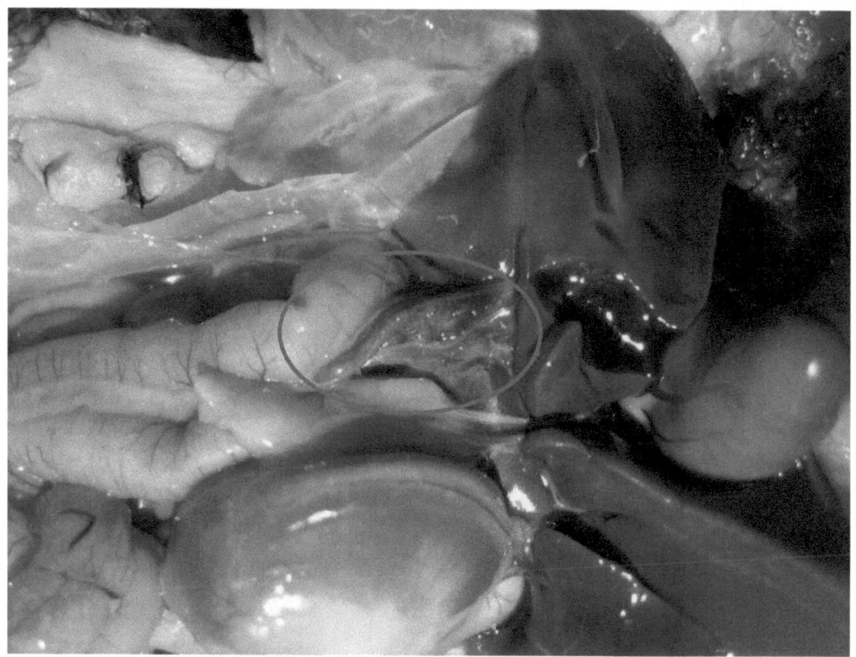

Abb. 31: Die Gallenblase(eingerahmt) hat eine deutlich grünliche Färbung.

Nun werden die Darmschlingen auf die Seite geschoben. Dazu kann die behandschuhte Hand etwas feucht gemacht werden, wodurch die Gedärme nicht mehr so leicht reißen können.

Dorsal der Darmschlingen kommen die Gonaden zum Vorschein: Beim Männchen erkennt man paarige Hoden sowie den Samenleiter (Abb. 32), beim Weibchen findet man mehrere Eierstöcke (Ovarien, Abb. 33), sowie den Eileiter, in dem sich auch ein auch ein Ei befinden kann (Abb. 34).

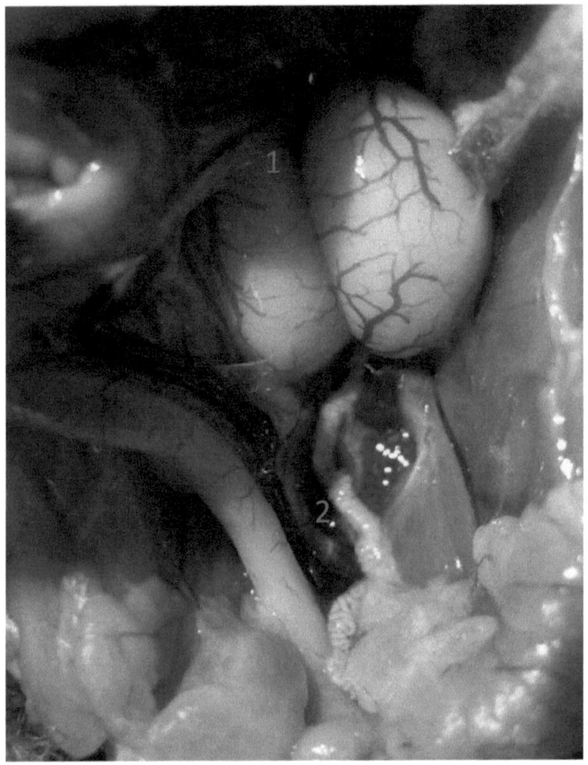

Abb. 32: Im männlichen Tier findet man unter den Darmschlingen die Hoden und Samenleiter. 1 Hoden, 2 Samenleiter

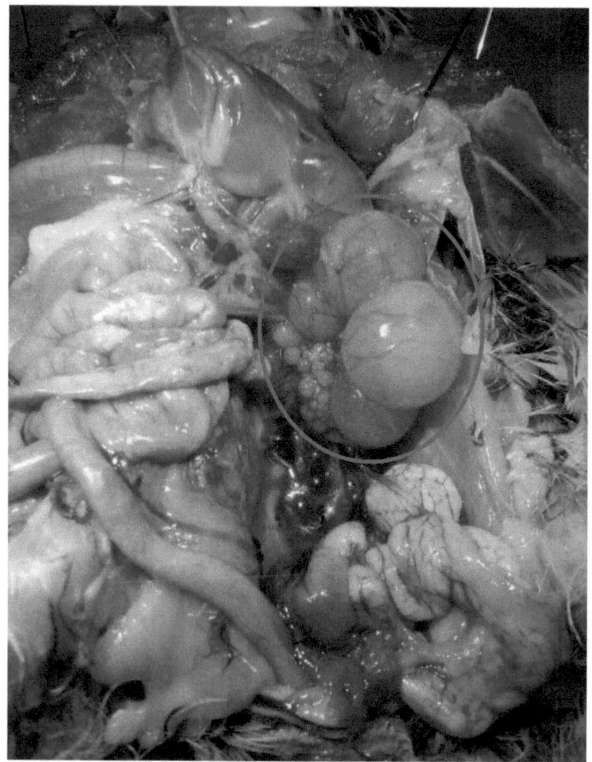

Abb. 33: Im weiblichen Tier findet man oft sehr prominent mehrere Eierstöcke (eingerahmt). *Foto mit freundlicher Genehmigung von Markus Herbst, MSc*

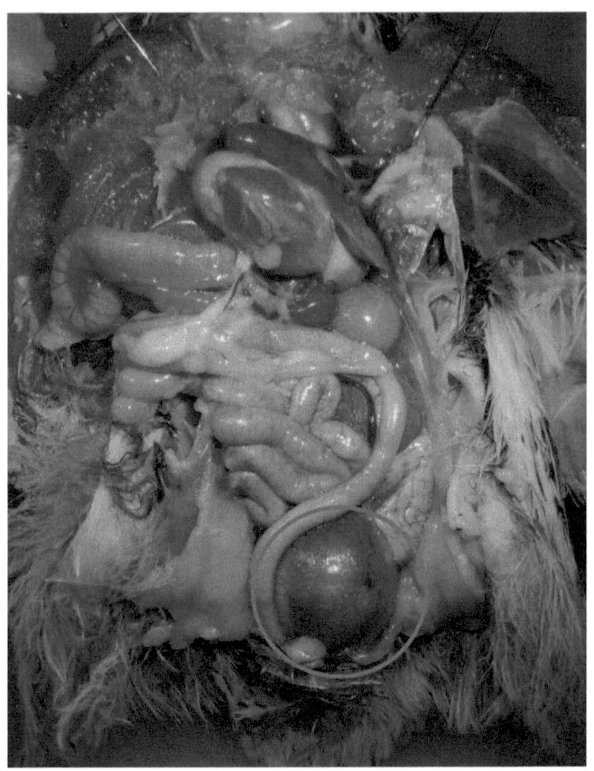

Abb. 34: Bei trächtigen Weibchen kann man ein Ei finden (eingerahmt). *Foto mit freundlicher Genehmigung von Markus Herbst, MSc*

Nun wird das Herz vom Perikard befreit (Abb. 35). Die abgehenden Blutgefäße vom Herzen sollen gezeigt werden. Direkt über dem Herzen liegt der sogenannte Syrinx (Abb. 36).

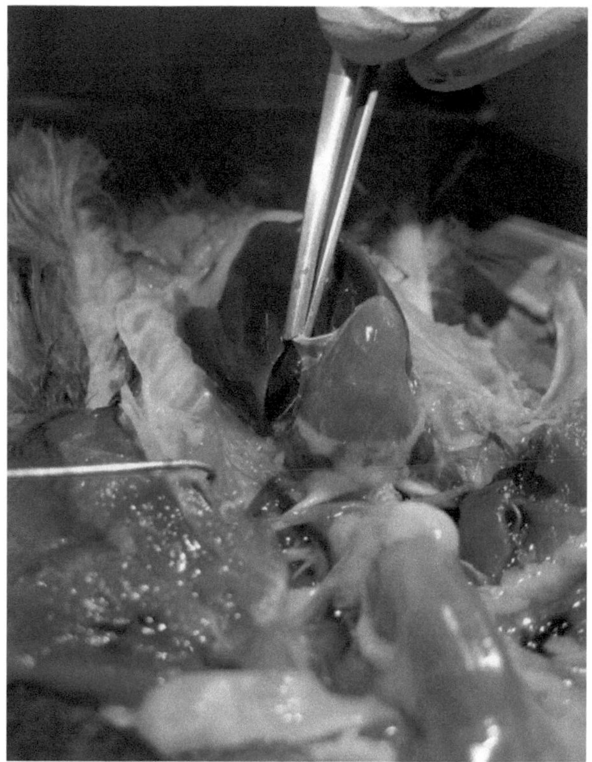

Abb. 35: Das Herz liegt in einer bindegewebigen Hülle, dem Perikard, welches zur besseren Darstellung aufgeschnitten werden soll.

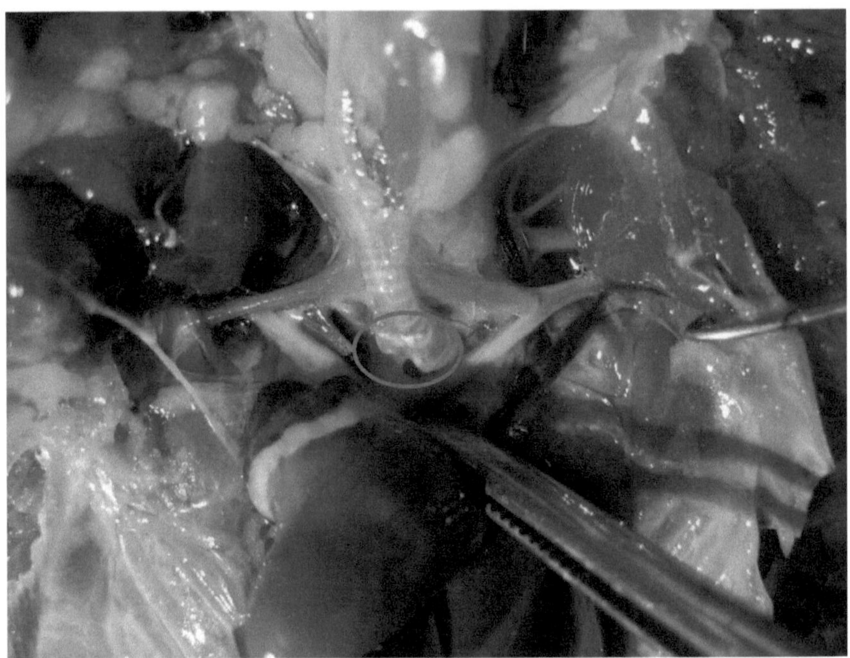

Abb. 36: Arterien und Venen können hier gut dargestellt werden. Rostro-dorsal des Herzens liegt der so genannte Syrinx (eingerahmt).

Damit ist die Sektion beendet.

3.2.4. Funktion der Organe und Organsysteme

<u>Respirationstrakt</u>

Bei den Vögeln ist die Atmung am effizientesten (innerhalb der in dieser Arbeit dargestellten drei Gruppen) ausgebildet. Dies liegt vor allem am Kreuzstromprinzip (Abb. 37), nach dem diese Lungen funktionieren. Ort des Gasaustausches sind die so genannten Luftpfeifen (Parabronchien). Die Lungen liegen eng am dorsalen Brustkorb an und sind durch Luftsäcke erweitert. Diese meist sieben Luftsäcke tragen kein respiratorisches Epithel, aber unterstützen die Lungen bei der Atmung, sodass das Lungenvolumen beim Atmen nahezu konstant bleibt (*Westheide et al.*). Luftsäcke stülpen sich innerhalb der Vogels in alle Bereiche aus, zum Beispiel in die Beinknochen oder die Achselhöhlen und stehen außerdem großteils miteinander in Verbindung (Abb. 38) (*Hildebrand et al.*).

Für einen kompletten Luftstrom werden zwei respiratorische Zyklen benötigt. Die erste Einatmung (Inspiration) saugt Luft über die Trachea in die Lungen ein und leitet sie weiter in die posterioren Luftsäcke, die sich dabei erweitern. Die erste Ausatmung (Exspiration) drückt das Luftvolumen aus den posterior liegenden Luftsäcken in die Parabronchien. In der zweiten Einatmung wird das Luftvolumen in die anterior liegenden Luftsäcke gedrückt. Von dort wird während der zweiten Ausatmung die Luft durch die Trachea ausgestoßen (*Hildebrand et al.*). Parabronchien werden bei einem Atemzug also mindestens zweimal mit sauerstoffreicher Luft umströmt (*Westheide et al.*)

Der Syrinx ist eine Eigenheit der Vögel und dient der Lauterzeugung. Er liegt nahe der Aufspaltung der Trachea und besteht aus einer Membran, die mit dem interclaviculären Luftsack interagiert und durch die strömende Luft zum Schwingen gebracht wird (*Hildebrand et al.*).

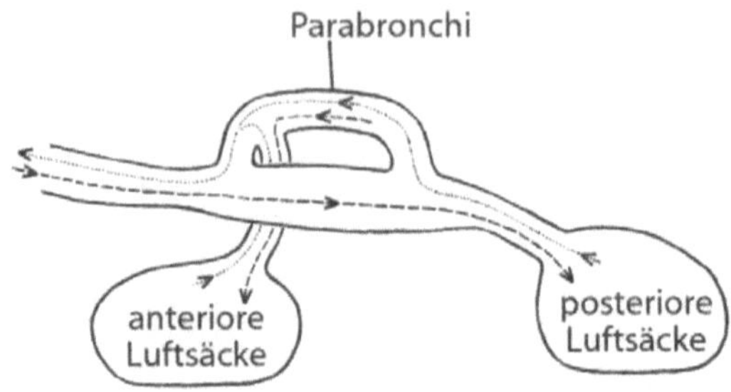

Abb. 37: Schematische Darstellung des Kreuzstromprinzips bei der Atmung der Vögel (verändert nach: *Hildebrand, S. 263*)

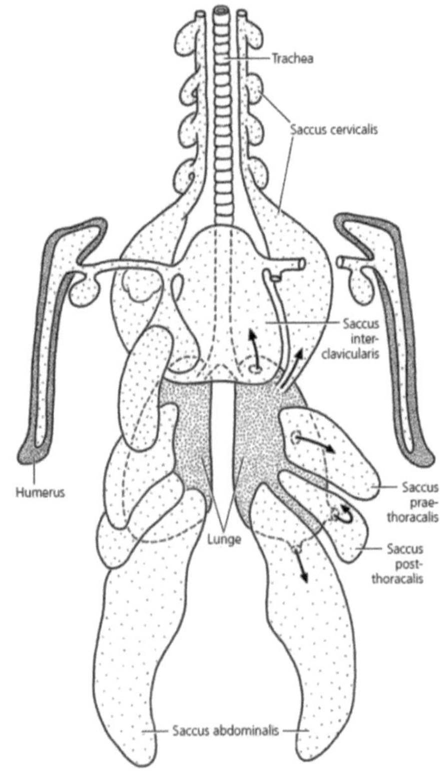

Abb. 38: Schematische Abbildung und Position der Luftsäcke im Vogel (*Westheide, S. 438*)

<u>Gastro-Intestinaltrakt</u>

Der sogenannte Kropf ist eine Erweiterung des Ösophagus und dient als Speicherorgan. Oft finden sich in diesem kleine Steinchen, die bei einer mechanischen Zerkleinerung der unzerkauten Nahrung helfen. Der Magen ist gegliedert in einen Drüsenmagen (Pars glandularis), der Verdauungsenzyme produziert und daher stark drüsig ist. Dieser Teil entsteht evolutiv aus dem ursprünglichen Fundus-Teil des Magens. Der Muskelmagen (Pars muscularis) entsteht evolutiv aus dem Pylorus-Teil und dient der mechanischen Zerkleinerung. Zu diesem Zweck werden manchmal wiederum Steinchen aktiv aufgenommen (*Hildebrand et al.*).

<u>Urogenitalsystem</u>

Vögel nehmen im Allgemeinen sehr wenig Wasser durch Trinken auf und verzichten daher auf die Ausscheidung von verdünntem Urin, wie es bei den Säugern der Fall ist. Stattdessen produzieren die meisten Vögel wasserunlösliche Harnsäure, die ausgeschieden wird. Vögel besitzen eher wenig vaskularisierte Nephrone und auch die Nierentubuli sind nur mäßig lang (*Hildebrand et al.*).

Entwicklungsgeschichtlich betrachtet wird die Niere der Vögel als Metanephros bezeichnet. Die Harnleiter aus der Niere münden direkt in die Kloake, da eine Harnblase fehlt (*Westheide et al.*).

Männliche Individuen besitzen 2 Hoden, die cranial und ventral der Nieren liegen. Der linke Hoden ist in der Regel etwas größer als der rechte. Die Spermatogenese erfolgt meistens in den Nachtstunden, da Spermien (wie beim Menschen) Temperaturen unterhalb der Körpertemperatur benötigen, um zu reifen.

Weibliche Tiere besitzen meist nur das linke Ovar (*Westheide et al.*).

<u>Herz-Kreislaufsystem</u>

Wie bereits bei einigen Reptilien besitze Vögel zwei getrennte Kreisläufe: ein Lungenkreislauf, der sauerstoffarmes Blut oxygeniert (von der rechten Herzkammer angetrieben; niedriger Druck) und ein Körperkreislauf, der sauerstoffreiches Blut in den Körper zu den Organen und Zellen transportiert (von der linken Herzkammer angetrieben; hoher Druck; Abb. 39)). Der Aortenbogen (die erste Biegung der Körperschlagader nach dem Herz) verläuft nach rechts (*Hildebrand et al.*). Ein Sinus venosus wie bei den Fischen fehlt und ist in das rechte Atrium integriert. Neu ist auch die Entwicklung von Segelklappen, die eine ähnliche Funktion wie im menschlichen Herzen besitzen (*Westheide et al.*).

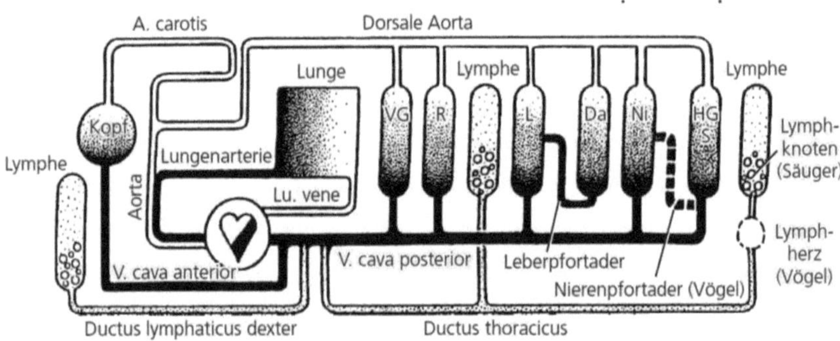

Abb. 39: Schematischer Kreislauf des Blutes im Vogel-Organismus. Schwarz: O_2-armes Blut, Weiß: O_2-reiches Blut. V. cava anterior Obere Hohlvene, A. carotis Halsschlagader, V. cava posterior Untere Hohlvene, VG Vordere Gliedmaßen, R Rumpf, L Leber, Da Darm, Ni Nieren, HG Hintere Gliedmaßen S, Schwanz (*Westheide, S. 107*).

3.3. Säugetier - am Beispiel einer Ratte

3.3.1. Merkmale der Säugetiere

<u>Systematik</u>

Reich: Tiere (Animalia)

Stamm: Chordatiere (Chordata)

Klasse: Säugetiere (Mammalia)

Ordnung: Nagetiere (Rodentia)

Familie: Langschwanzmäuse (Muridae)

Gattung: Ratten (Rattus)

Art: Wanderratte (Rattus norvegicus)

Für die Sektion werden so genannte „Wistar" - Ratten verwendet, eine Mutante der Wanderratte

<u>Mammalia</u>

Die Säugetiere stellen die größten lebenden Organismen (gemessen an der Körpergröße) im terrestrischen und aquatischen Bereich dar. 90% aller Arten sind Plazenta-Tiere (Placentalia), wobei Nagetiere die artenreichste Gruppe (etwa 42% aller Placentalia) darstellen. Säugetiere kommen praktisch in allen Gebieten der Erde vor.

Säugetiere haben eine bemerkenswerte Anzahl an Eigenheiten entwickelt, von denen im Folgenden ein kurzer Ausschnitt gegeben werden soll:

- Fell = mit Haaren bedeckte Körperoberfläche

- Haut (=Integument) mit Milch- und anderen Drüsen

- Sieben Halswirbel

- Knochige Kiefer (mit Zähnen besetzt)

- Muskulöse, bewegliche Lippen

- Fleischige Ohrmuscheln

- Vierkammeriges Herz

- Aortenbogen biegt vom Herzen nach links ab -> linker Aortenbogen wird zur Körperarterie

- Muskulöses Zwerchfell (Diaphragma), welches Brust- und Leibeshöhle trennt

Nagetiere (Rodentia): Bei der Betrachtung eines Nagetiers fällt sofort das eigenartige Gebiss auf: dorsale und ventrale Schneidezähne (Incisivi) sind mit einem Schmelz überzogen und wachsen ständig und mit großer Geschwindigkeit nach. Wird nicht genagt, würden die Schneidezähne zu lang werden und nicht mehr funktionsfähig sein. Vor allem Ratten und Mäuse sind Kulturfolger und können sehr effektiv einheimische Arten verdrängen. Geschichtlich interessant ist der Rattenfloh, der im 14. Jahrhundert die Pest an den Menschen übertragen hat. Weiters kommt Meerschweinchen, Hamstern und (Labor-) Ratten vor allem eine bedeutende Rolle in der wissenschaftlichen Forschung als Modellorganismen zu.

Ratten bekommt man prinzipiell von Geschäften und Zuchtstellen für Laborbedarf. Auch Kleintierhändler können als Anlaufstelle dienen. Da Ratten häufig auch als so genannte Futter-Ratten in Zoos verwendet werden, kann auch bei diversen Zoos nachgefragt werden. Die in dieser Arbeit verwendeten Ratten kommen aus einem Labor in Pennsylvania (Wistar-Institut) und kosten etwa 10€ pro Stück.

Es hat sich als günstig erwiesen, die Tiere mit Kohlenstoffmonoxid einzuschläfern. Der Stress für die Tiere ist dabei minimal, da sie einfach einschlafen. In der Praxis sollte dazu eine möglichst Luft-dichte Box verwendet werden, in welche die Tiere gesetzt werden. Über einen Zeitraum von etwa fünfzehn Minuten soll dann Kohlenstoffmonoxid in die Kammer geleitet werden, wobei aus Kostengründen auf eine vernünftige Dosierung geachtet werden soll. Spürt man das Herz des Tieres nicht mehr schlagen und sieht man keine Atembewegungen mehr, kann man relativ sicher sein, dass das Tier tot ist. Achtung: Kohlenstoffmonoxid ist auch für den Menschen gefährlich!

Sezierbesteck

Es hat sich herausgestellt, dass ein gutes Sezierbesteck folgendes enthalten sollte (Abb. 40, von links nach rechts):

- 2x Anatomische Pinzetten, in unterschiedlicher Größe
- 2x Anatomische Pinzetten mit Widerhaken, in unterschiedlicher Größe
- 2x Uhrmacher-Pinzetten, in unterschiedlicher Größe
- 2x Feine Schere, in unterschiedlicher Größe
- 2x Grobe Schere, in unterschiedlicher Größe
- 2x Skalpell
- 2x Stumpfe (Präparier-) Sonden
- Mehrere (Präparier-) Nadeln

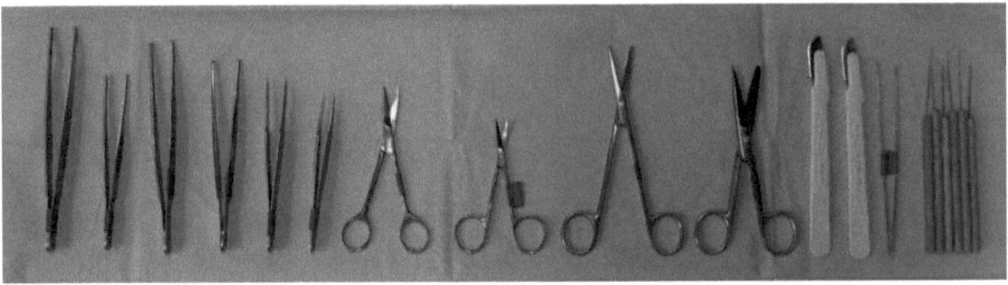

Abb. 40: Gezeigt wird eine kleine Auswahl an Sezierbesteck. Für die Sektionen müssen nicht immer alle Teile vorhanden sein.

Es müssen nicht immer alle Materialien vorhanden sein und welches Besteck man tatsächlich verwendet hängt, stark vom persönlichen Geschmack des Einzelnen ab.

Äußere Inspektion

Bei der äußeren Inspektion des Tieres sollen vor allem das Haarkleid und die Tasthaare (Vibrissen) des Tieres ertastet und erfühlt werden. Hier ist es noch nicht nötig, Handschuhe zu tragen. Einerseits ist das Tier ohnehin sehr sauber und ein vielleicht bestehender Ekel der SchülerInnen soll abgebaut werden. Anderseits kann ein Ertasten und Erfühlen klarerweise nur durch die nackte Hand sinnvoll sein.

Die Zähne und vor allem die Schneidezähne sollen beobachtet werden und es kann auf die unterschiedliche Färbung der Nagezähne hingewiesen werden. In der Mundregion sollen auch gleich die beweglichen, muskulösen Lippen beobachtet werden.

Die fleischigen und ebenfalls beweglichen Ohren sind zu ertasten.

Die Pfoten des Tieres sind mit 5 Zehen versehen, wobei die fünfte Zehe nur mehr rudimentär ertastet werden kann. Die deutlich erkennbaren Zehen sind mit Krallen versehen, die zum Beispiel beim Klettern zusätzlichen Halt geben.

Die Geschlechtsunterschiede sollen dargestellt werden und SchülerInnen sollen versuchen, das Geschlecht des Tieres zu bestimmen. Männliche Tiere haben einen deutlich erkennbaren Hodensack, der bei Weibchen naturgemäß fehlt. In sehr seltenen Fällen kann es vorkommen, dass der Hoden in die Bauchhöhle gestülpt ist. In diesem Fall ist die Geschlechtsbestimmung nicht mehr so einfach, da hier nur auf die räumliche Distanz von Analöffnung und Geschlechtsöffnung geachtet werden muss. Analöffnung und Geschlechtsöffnung sind beim männlichen Tier weiter voneinander entfernt als beim Weibchen.

Sektion

Auf dem Rücken liegend, wird das Fell der Ratte ungefähr ein Zentimeter rostral der Genitalien mit einer stumpfen Pinzette angehoben. Mit einer stumpfen Schere wird ein Schnitt in das Fell quer zur Längsrichtung ausgeführt. Das Fell wird median vom erfolgten Querschnitt bis zum Kinn aufgeschnitten. Die Schnittführungen sind in den Abbildungen 41 und 42 dargestellt.

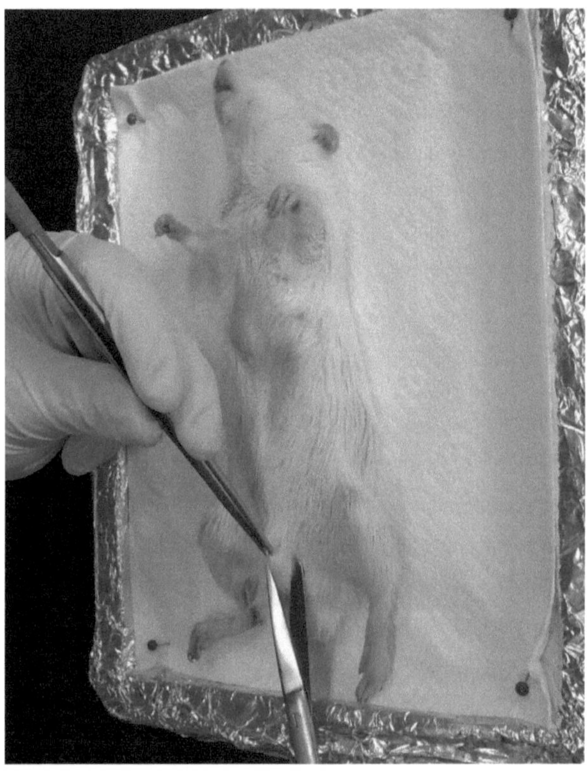

Abb. 41: Begonnen wird mit einem Einschnitt etwa einem Zentimeter rostral der Genitalien.

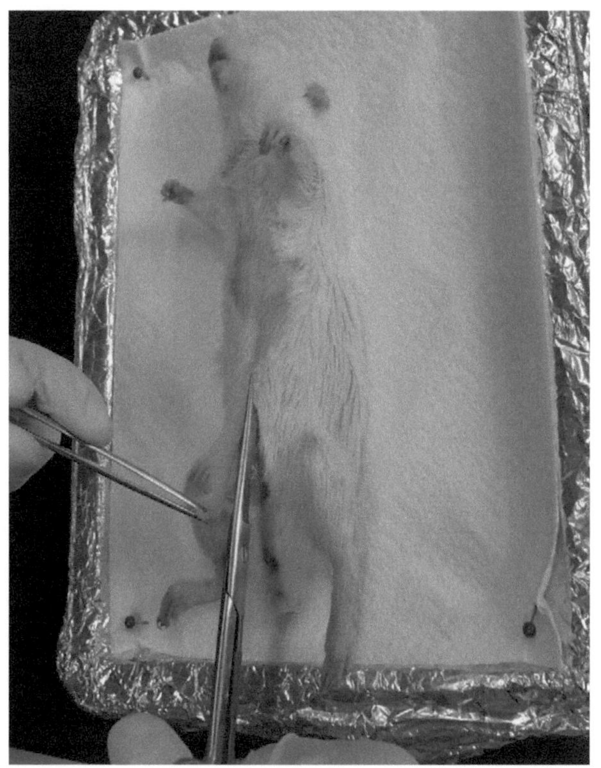

Abb. 42: Vom erfolgten Querschnitt wird das Fell median bis unter das Kinn aufgeschnitten.

Mit einem Skalpell wird nun das Fell lateral auf beiden Seiten von der Bauchhaut getrennt (Abb. 43). Das Fell sollte dabei soweit präpariert werden, dass es über beide Knie gezogen werden kann und auch die Oberarme der Ratte gut sichtbar sind. Vorsicht: In diesen Bereichen (Oberschenkel, Oberarme) verlaufen große Blutgefäße, die nicht verletzt werden sollten. Das Fell wird mit vier (Präparier- oder Steck-) Nadeln in der Wachswanne gestreckt und fixiert.

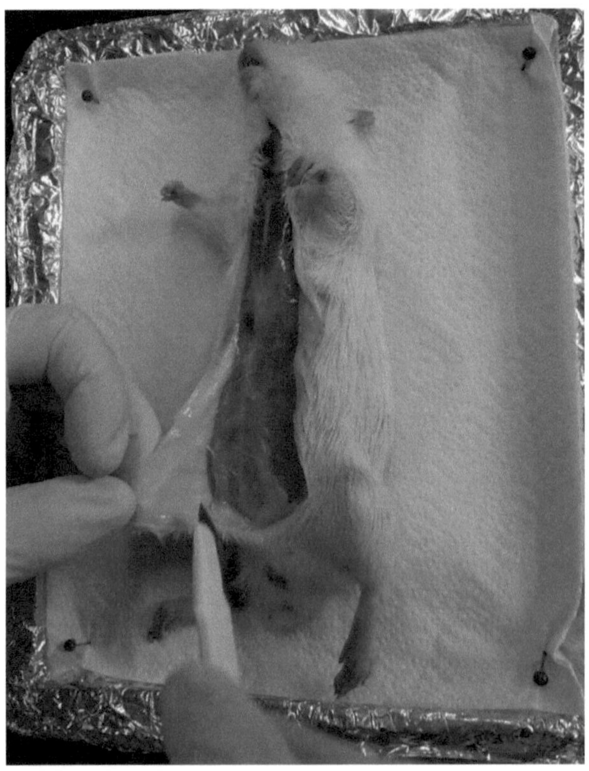

Abb. 43: Das Trennen des Fells von der Bauchhaut erfordert Fingerspitzengefühl. Ein Skalpell kann dabei eine große Unterstützung sein.

In der Halsregion liegen einige Drüsen unter Fett verborgen. Das Fett soll wegpräpariert werden und die Drüsen dargestellt werden. Zusätzlich zu den Drüsen helfen die (Kau-) Muskeln in dieser Region beim Zerkleinern und Vorverdauen der Nahrung (Abb. 44).

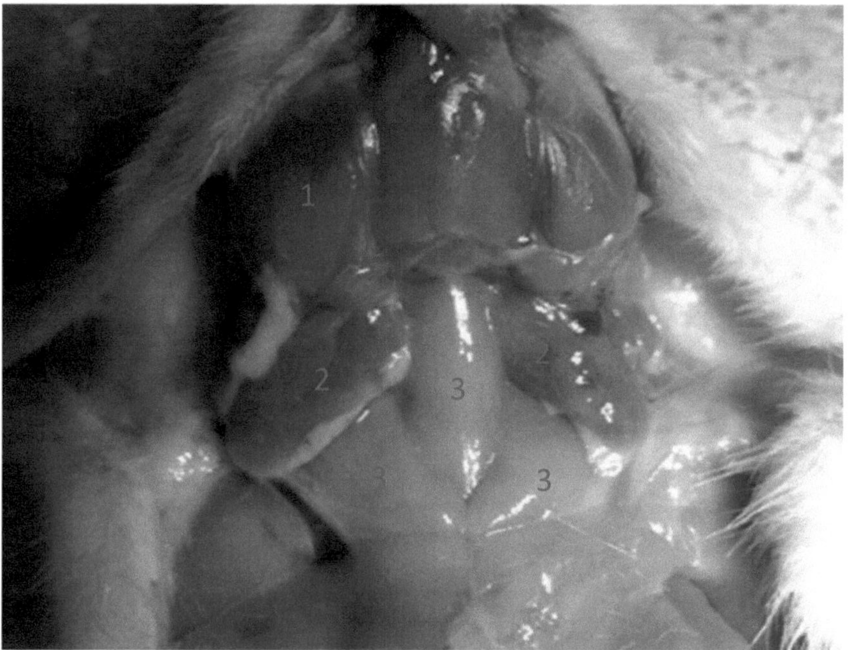

Abb. 44: In der Halsregion findet man viele Drüsen und Muskeln, die bereits für die Vorverdauung im Mund verantwortlich sind. 1 (Kau-) Muskulatur, 2 Drüsen, 3 Muskeln der Halsregion

Der nächste Schnitt erfolgt mit einer stumpfen Schere quer in den Bauchmuskel. Entlang einer weiß schimmernden Bindegewebsnaht (Linea alba) wird die Bauchmuskulatur median aufgeschnitten (Abb. 45). Unbedingt ist darauf zu achten, dass der stumpfe Teil der Schere organseitig liegt. Die Bauchmuskelhälften werden auf die Seite geklappt.

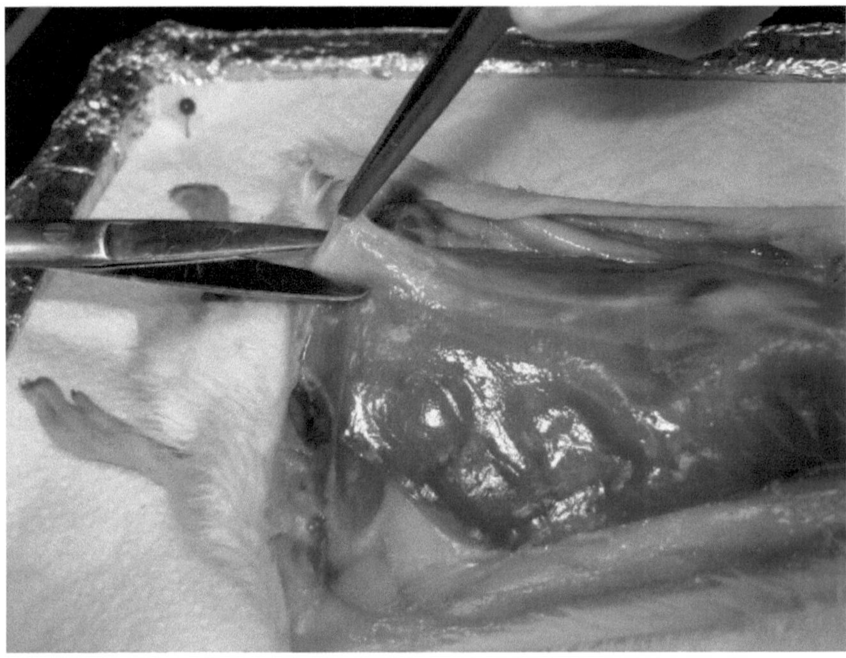

Abb. 45: Die Linea alba, eine Bindegewebsnaht, kennzeichnet den nächsten Schnitt in den Bauchmuskel.

Die inneren Organe kommen zum Vorschein. Die Leberlappen hängen durch Bindegewebe miteinander in Verbindung. Dieses Bindegewebe soll aufgetrennt werden um die Leber rostral umklappen zu können und so einen Blick auf den Magen zu ermöglichen. Dabei sollen auch die Lebergänge beobachtet werden. Der Magen soll rostral umgeklappt werden um einen Blick auf Milz und Bauchspeicheldrüse zu ermöglichen (Abb. 46).

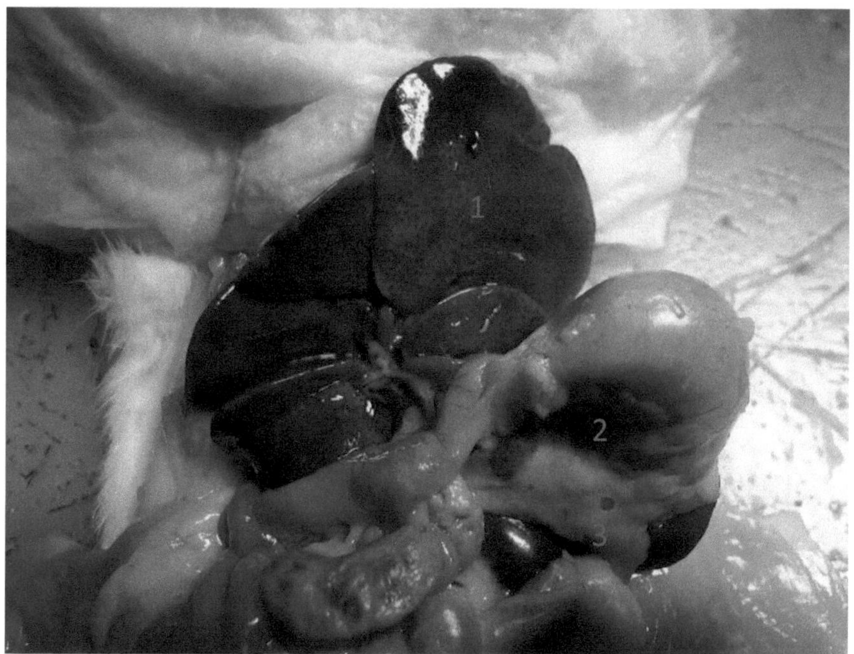

Abb. 46: Durch Hochklappen der Leberlappen und des Magens bekommt man einen sehr guten Blick auf die Verdauungsorgane der Ratte. 1 Leber (-lappen), 2 Magen, 3 Bauchspeicheldrüse, 4 Beginn des Dünndarms

Nach dem Magen sollen die Darmschlingen aus der Leibeshöhle herausgehoben werden und man sollte versuchen den ungefähren Verlauf Dünndarm – Blinddarm – Dickdarm zu erkennen (Abb. 47).

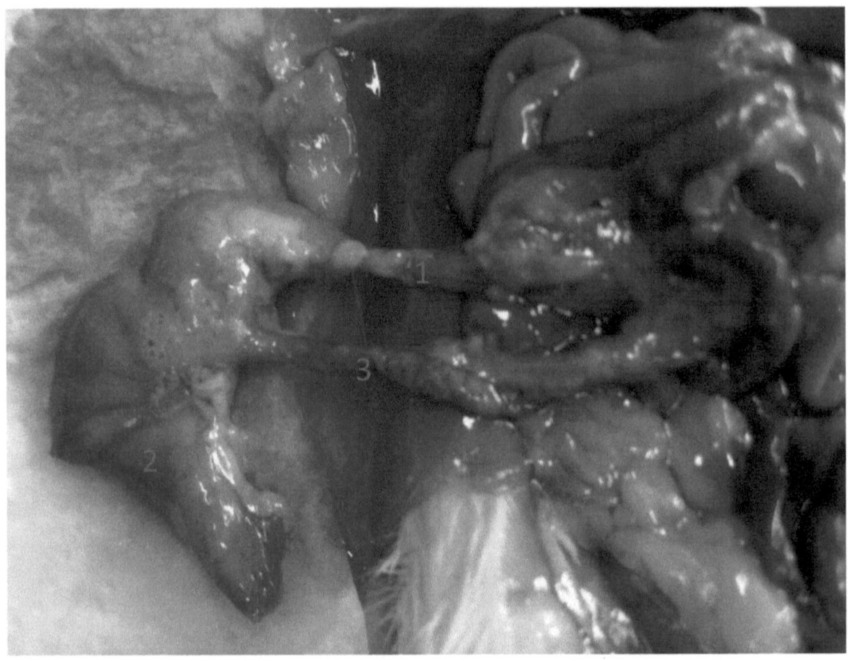

Abb. 47: Beim Übergang von Dünndarm zu Dickdarm stülpt sich Gewebe sackartig aus. Dies ist der Blinddarm der Ratten. 1 Dünndarm, 2 Blinddarm, 3 Dickdarm

Nun erfolgt ein Schnitt durch die Speiseröhre (in Magennähe) und Enddarm um den Gastro-Intestinaltrakt als Ganzes aus dem Tier entfernen zu können. Es empfiehlt sich, hier die Handschuhe zu befeuchten, um den Darm nicht zu verletzen. Die Nieren, Nebennieren und Harnleiter sowie die große Hohlvene und Bauchaorta sollen dargestellt werden (Abb. 48).

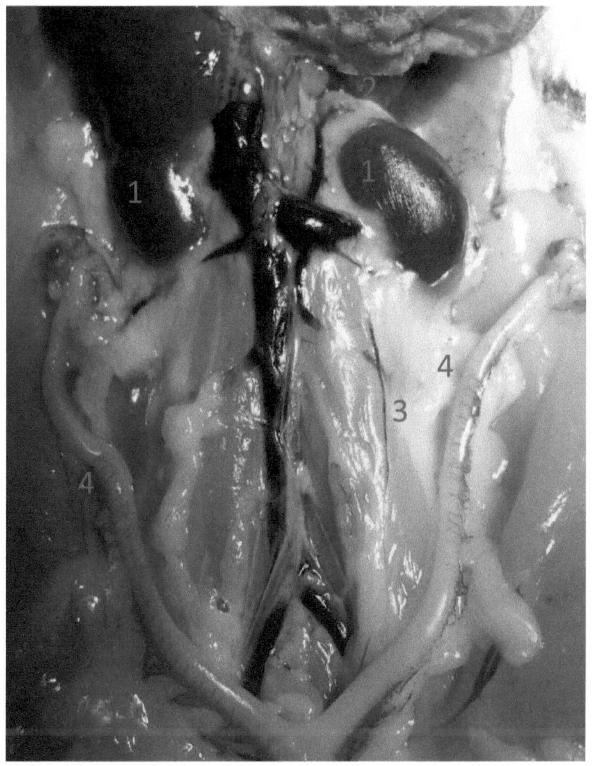

Abb. 48: Das Urogenitalsystem im Überblick. 1 Nieren, 2 Nebennieren, 3 Harnleiter, 4 Uterus-Schenkel (im weiblichen Tier)

Das Genitalsystem soll mit den geschlechtsspezifischen Unterschieden gezeigt werden:

Männlich: Um den Hoden, Nebenhoden und Samenleiter darzustellen, muss der Hodensack präpariert werden. Dazu soll mit einer stumpfen Pinzette der Hodensack an der Spitze gefasst werden und mit einer stumpfen Schere durchtrennt werden. Der Hodensack lässt sich nun rostral aufschneiden, sodass Hoden und Nebenhoden gezeigt werden können (Abb. 49).

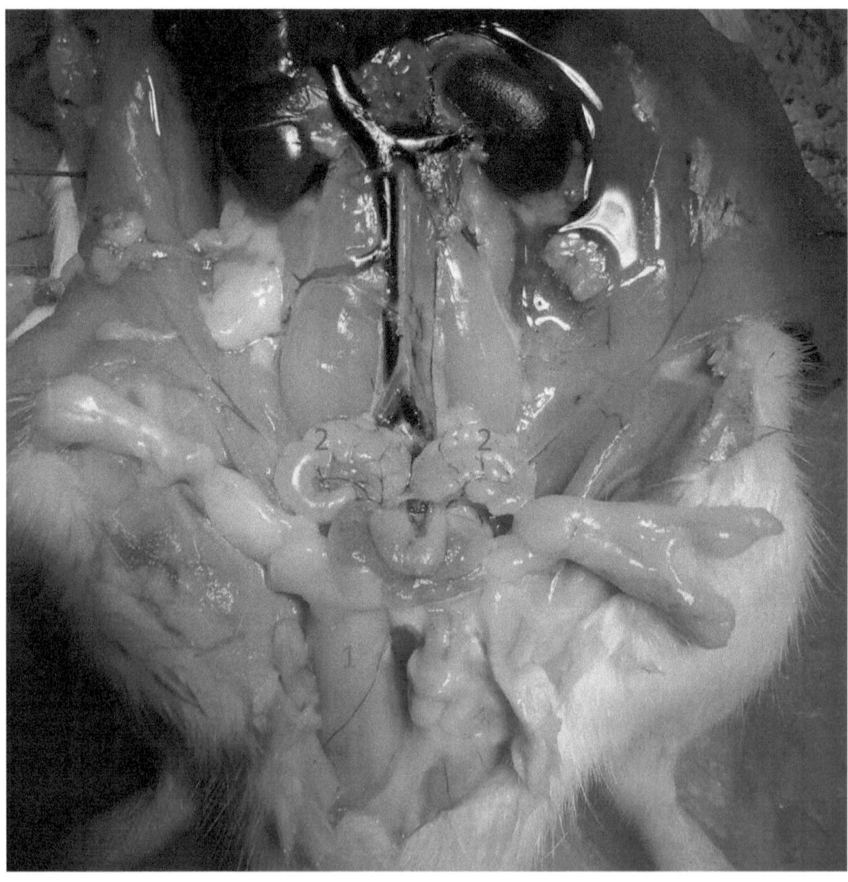

Abb. 49: Die männlichen Genitalien im Überblick. 1 Hoden, 2 Bläschendrüse, 3 Prostata

Weiblich: Eierstöcke, Eileiter, Gebärmutter liegen unterhalb der Gedärme und sind nach dessen Entfernung aus dem Tier sofort erkennbar (Abb. 50)

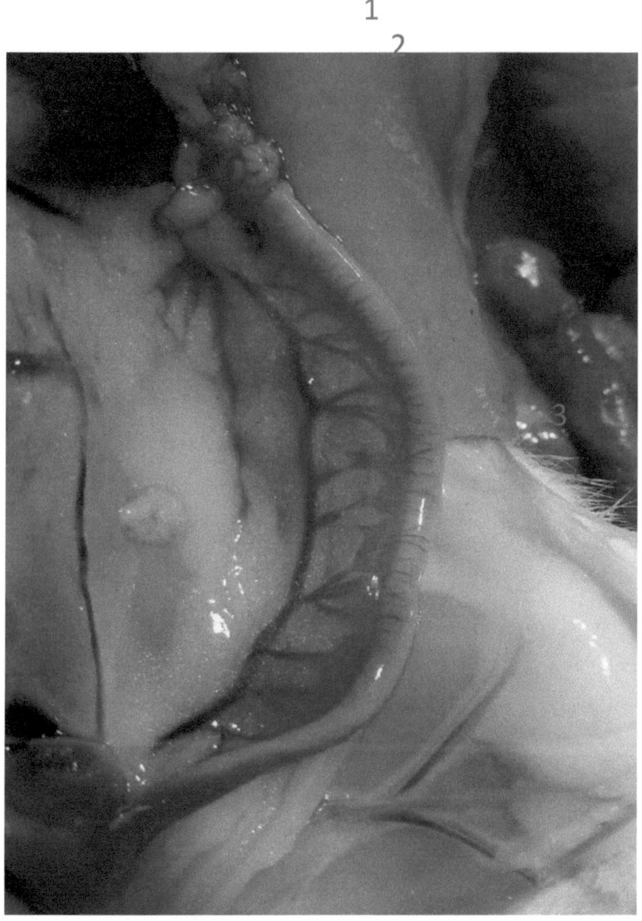

Abb. 50: Eierstock, Eileiter und Gebärmutter liegen frei im peritonealen Raum und sind nach Entfernung des Gastro-Intestinaltraktes gut erkennbar. 1 Eierstock, 2 Eileiter, 3 Gebärmutter

Respirationstrakt

Die Luftröhre ist durch Knorpel unterstützt, die dorsal offen sind (und daher C-förmig aussehen). Dies hat den Grund, dass dorsal der Luftröhre die Speiseröhre liegt, die sich so (beim Schlucken zu großer Brocken) teilweise erweitern und die Luftröhre etwas eindrücken kann. Passend zu dieser anatomischen Funktion wird der Schlauch der Luftröhre aus elastischem Bindegewebe geformt. Das Epithel der Luftröhre ist mit Cilien ausgekleidet. Unterstützt wird die Struktur von glatter Muskulatur und Schleimdrüsen. Die Trachea spaltet sich auf in Primärbronchien, die sich weiter verzweigen in Bronchiolen. Der Gasaustausch findet in den kleinsten Verzweigungen, den Alveolen, statt (*Hildebrand et al.*).

Gastro-Intestinaltrakt

Der Ösophagus der Säugetiere trägt keine Cilien. Der Magen ist sackartig und in drei Kompartimente unterteilt. Die Cardia-Region ist dabei eine spezielle Entwicklung der Säugetiere, obwohl die Ausbildung nicht in jeder Art vorhanden ist (*Hildebrand et al.*). Diese Cardia-Region beinhaltet ausschließlich schleimproduzierende Zellen und ist daher funktionell die Übergangsregion von Ösophagus zu Magen. Die Fundus-Region ist am größten und enthält vor allem die Magendrüsen. Die Pylorus-Region ist der Übergang von Magen zu Darmgewebe und ist mit Ringmuskeln versehen, die als Verschlussventil dienen.

Speziell bei Nagetieren ist die Ausbildung eines mächtigen Blinddarms, der (symbiotische) Bakterien enthält, die Cellulose aufspalten können. Nagetiere werden daher auch als Enddarmfermentierer bezeichnet (*Westheide et al.*).

Urogenitalsystem

Säugetiere scheiden stark verdünnten Harnstoff aus. Viele Arten entwickelten dabei ein gut funktionierendes System um Wasser aus dem Primärfiltrat der Niere wieder rückzuresorbieren und dem Körper wieder zuzuführen. Von entscheidender Bedeutung ist dabei die Henle'sche Schleife, die von den Nierentubuli ausgebildet wird, und in der die Rückresorption stattfindet (Abb. 51) (*Westheide et al.*).

Die Hoden können bei vielen männlichen Arten der Nagetiere in sexuell aktiven Phasen aus der Bauchhöhle gestülpt werden und passiv in die Bauchhöhle zurückgezogen werden (zum Beispiel bei Fluchtverhalten). Bei manchen Arten der Säugetiere, unter anderem auch beim Mensch, bleibt der Hoden dauerhaft außerhalb der Körperhöhle und kommt in einem speziell geformten Hodensack (Scrotum) zu liegen (*Hildebrand et al.*).

Weibliche Nagetiere besitzen einen Uterus duplex, das bedeutet zwei Gebärmutterschenkel, die in einer Scheide (Vagina) münden. Auch hier gibt es innerhalb der Säugetiere aber unterschiedliche Variationen, wenn man nur zum Beispiel Nagetiere und Menschen vergleicht (Abb. 52) (*Hildebrand et al.*).

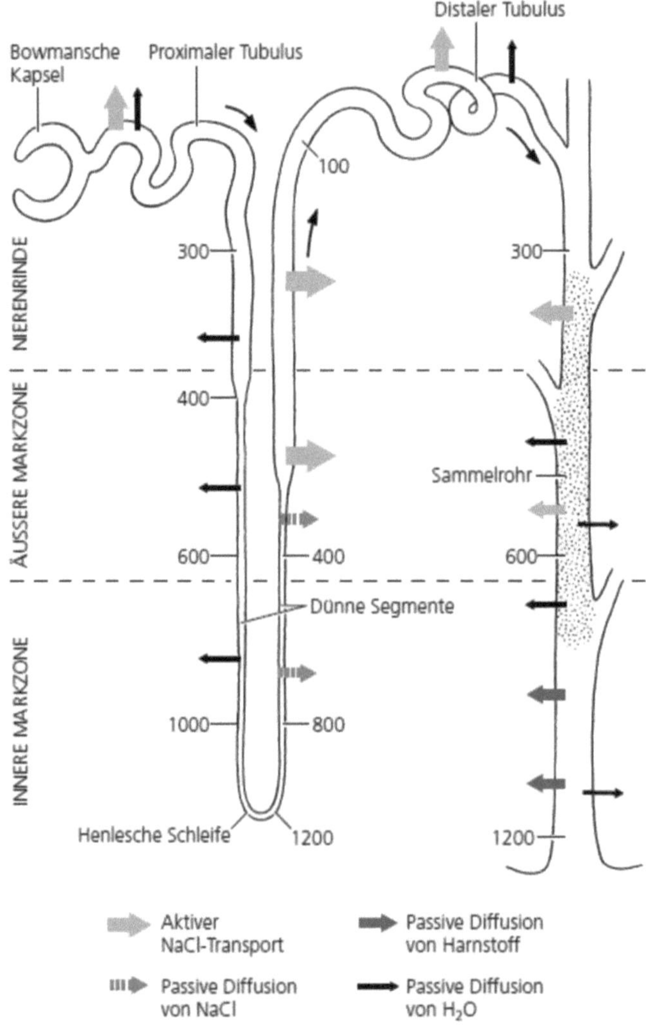

Abb. 51: Darstellung des Nierensystems im Säuger mit besonderer Berücksichtigung der Henle'schen Schleife. Die Bowman'sche Kapsel ist die funktionelle Einheit der Niere. Zahlen in mmol/l. (*Westheide, S. 162*)

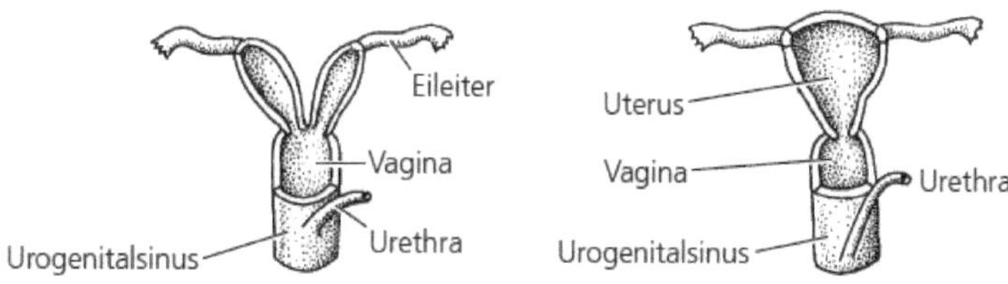

Abb. 52: Schematische Darstellung des Unterschieds des Genitalsystems bei Nagetieren (links) und Menschen (rechts) (*verändert nach: Westheide, S. 176*).

Herz-Kreislaufsystem

Das Herz-Kreislauf-System ist sehr ähnlich dem der Vögel (Abb. 53). Der größte Unterschied ist wohl der Abgang der Aorta, der bei Säugetieren links des Herzens liegt, während er bei Vögeln rechts abbiegt (*Westheide et al.*).

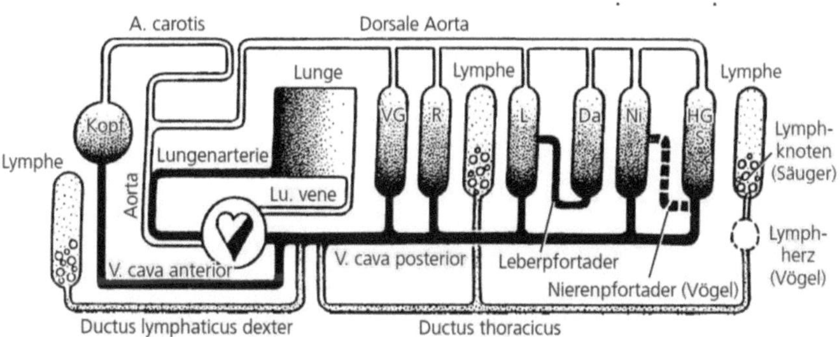

Abb. 53: Schematischer Kreislauf des Blutes im Vogel-Organismus. Schwarz: O_2-armes Blut, Weiß: O_2-reiches Blut. V. cava anterior Obere Hohlvene, A. carotis Halsschlagader, V. cava posterior Untere Hohlvene, VG Vordere Gliedmaßen, R Rumpf, L Leber, Da Darm, Ni Nieren, HG Hintere Gliedmaßen S, Schwanz (*Westheide, S. 107*)

5. Literatur

Bundesministerium für Bildung und Frauen (BMBFa) (2015): *Lehrplan für Biologie der AHS Unterstufe*. aus:

https://www.bmbf.gv.at/schulen/unterricht/lp/lp_ahs_unterstufe.html; besucht am 23.06.2015

Bundesministerium für Bildung und Frauen (BMBFb) (2015): *Lehrplan für Biologie der AHS Oberstufe*. aus:

https://www.bmbf.gv.at/schulen/unterricht/lp/lp_ahs_oberstufe.html; besucht am 20.02.2015

Hildebrand M., Goslow. G. (2004): *Vergleichende und funktionelle Anatomie der Wirbeltiere, 5. Edition*. Springer-Verlag Berlin Heidelberg, 2004

Storch V., Welsch U. (2014): Kükenthal. Zoologisches Praktikum, 27. Auflage. Springer-Verlag Berlin Heidelberg 2014

Westheide W., Rieger G. (Hrsg) (2010): Spezielle Zoologie. Teil 2: Wirbel- oder Schädeltiere, 2. Auflage. Spektrum Akademischer Verlag Heidelberg 2010

Buy your books fast and straightforward online - at one of the world's fastest growing online book stores! Environmentally sound due to Print-on-Demand technologies.

Buy your books online at

www.get-morebooks.com

Kaufen Sie Ihre Bücher schnell und unkompliziert online – auf einer der am schnellsten wachsenden Buchhandelsplattformen weltweit!
Dank Print-On-Demand umwelt- und ressourcenschonend produziert.

Bücher schneller online kaufen

www.morebooks.de

OmniScriptum Marketing DEU GmbH
Heinrich-Böcking-Str. 6-8
D - 66121 Saarbrücken
Telefax: +49 681 93 81 567-9

info@omniscriptum.com
www.omniscriptum.com

Printed by Books on Demand GmbH, Norderstedt / Germany